# RAPPORT

SUR

# UNE MISSION AU CONGO FRANÇAIS

## (1906-1907)

PAR

## M. JEAN-MARC BEL

INGÉNIEUR CIVIL DES MINES
ANCIEN ÉLÈVE DE L'ÉCOLE POLYTECHNIQUE
CHEVALIER DE LA LÉGION D'HONNEUR

(Extrait des *Nouvelles Archives des Missions scientifiques*, t. XVI)

# PARIS

## IMPRIMERIE NATIONALE

MDCCCCVIII

# RAPPORT

SUR

## UNE MISSION AU CONGO FRANÇAIS

(1906-1907)

# RAPPORT

SUR

# UNE MISSION AU CONGO FRANÇAIS

## (1906-1907)

PAR

## M. JEAN-MARC BEL

INGÉNIEUR CIVIL DES MINES
ANCIEN ÉLÈVE DE L'ÉCOLE POLYTECHNIQUE
CHEVALIER DE LA LÉGION D'HONNEUR

(Extrait des *Nouvelles Archives des Missions scientifiques*, t. XVI)

# PARIS

## IMPRIMERIE NATIONALE

MDCCCCVIII

# RAPPORT

## SUR UNE

# MISSION AU CONGO FRANÇAIS
# (1906-1907).

## I

### RAPPORT SOMMAIRE

#### SUR

#### DES GISEMENTS MINÉRAUX ET UN PROJET DE CHEMIN DE FER

#### DU CONGO FRANÇAIS,

#### PAR M. JEAN-MARC BEL.

### PRÉAMBULE.

Par arrêté, en date du 14 mai 1906, M. A. Briand, Ministre de l'instruction publique, des beaux-arts et des cultes, me fit l'honneur de me charger d'une Mission au Congo français, à l'effet d'y poursuivre des recherches sur la géologie, la minéralogie, la géographie et, en général, sur les conditions économiques de cette colonie.

M. G. Leygues, Ministre des colonies, s'y intéressa et invita M. Gentil, commissaire général du Gouvernement au Congo français, à la faciliter.

Je suis heureux de pouvoir exprimer toute notre gratitude à l'Administration de la colonie, qui nous a aidé de son mieux.

La Mission visait, en outre, un objet professionnel et des études minières à poursuivre pour le compte d'une Association en participation, constituée dans ce but, et qui organisa la Mission placée sous ma direction. Les autres membres étaient :

Pour la partie minière, M. E. Devès, ancien élève de l'École des mineurs d'Alais, sous-chef de la Mission, MM. F. Rosa, C. Blache, F. Nicolas et E. Valat, chefs mineurs ;

Pour la partie topographique, M. le capitaine J. Mornet, du génie ;

Pour l'histoire naturelle, M^{me} J.-Marc Bel, correspondant du Muséum.

La Mission quitta la France au printemps de 1906, recruta à Dakar une quinzaine de travailleurs Sénégalais, puis au Gabon, une centaine de travailleurs Loango, indépendamment des porteurs nécessaires au transport de six à sept cents charges de matériel et de ravitaillements.

La période de nos études se poursuivit pendant une année effective, et prit fin avec le retour en France des derniers membres de la Mission. Nous n'avons eu à déplorer pour personne aucun accident grave de santé. Je suis rentré en janvier 1907 pour rendre compte des premiers résultats de nos études.

La Mission a pu exécuter un programme de travaux préliminaires prolongés et très intéressants ; elle a rapporté des résultats nouveaux, de la plus haute importance pour l'avenir, non seulement des mines du Congo, mais aussi pour celui des intérêts économiques de la colonie.

Ce sont ces résultats qui, en attendant l'achèvement de mon rapport général et plus détaillé, sont exposés dans le présent rapport sommaire, que j'ai l'honneur d'adresser à M. le Ministre, et qui est divisé en trois parties :

1° *Généralités ;*

2° *Gisements et projet de chemin de fer ;*

3° *Recherches et études à poursuivre.*

A ce travail sont joints :

Une NOTE COMPLÉMENTAIRE, par le chef de la Mission, et les ANNEXES suivantes :

1° COMPTE RENDU SOMMAIRE, par M. E. Devès, sous-chef de la Mission ;

2° RAPPORT DE RECONNAISSANCE DE VOIE FERRÉE, DE LA MER À BRAZZAVILLE, par M. le capitaine J. Mornet, chargé du service géographique la Mission ;

3° *Note sur les populations du Congo habitant la région comprise entre Brazzaville et la mer*, par le même;

4° *Note sur les collections d'histoire naturelle recueillies*, par M<sup>me</sup> J.-Marc Bel;

5° CARTES ET CROQUIS, dont le détail suit :

I et I *bis. Bassins du Niari- Kouilou et du Bas-Congo. Projet de chemin de fer de Brazzaville à l'Océan :* Tracé proposé au 1/3000000 et au 1/750000, avec les itinéraires de la Mission;

II et III. *Baie de Pointe-Noire,* sondages effectués par le chef de la Mission et les capitaines au long cours, MM. Quesnel et Vincent (deux feuilles);

IV. *Itinéraire de Pointe-Noire à M'Boko Songo,* par M. le capitaine J. Mornet, au 1/400000;

V. *Vallée de M'Boko Songo,* par le même, au 1/40000;

VI. *Reconnaissance de voie ferrée entre M'Boko Songo et Bouenza : environs de Bouenza,* par le même, au 1/40000;

VII. *Reconnaissance de voie ferrée entre M'Boko Songo et Mindouli : environs de Comba, vallée de la Comba-Loemba,* par le même, au 1/40000.

VIII. *Sculptures indigènes,* par M<sup>me</sup> J.-Marc Bel.

IX. *Sculptures indigènes,* par M. le capitaine J. Mornet.

1. GÉNÉRALITÉS. — Au cours de nos explorations, nous avons visité le plus grand nombre possible de gisements; mais nous n'avons pu accéder à certains d'entre eux, et non des moins intéressants, à cause de l'hostilité des indigènes. Les gisements visés par la Mission sont situés au Moyen-Congo, à une grande distance à l'intérieur, et à 300 kilomètres environ de tout port d'embarquement.

Ils sont dépourvus de moyens de transport autres que le portage.

Aussi la Mission s'est-elle occupée de la question des voies de communication, non seulement pour desservir les gisements, mais aussi, et il sera dit pourquoi plus loin, pour le trafic général de la colonie entre l'Océan et Brazzaville.

Le régime minier existant est celui de l'Afrique occidentale. Il aurait besoin d'être révisé d'une façon générale et précisé en ce qui concerne les taxes sur les minerais produits, qui n'ont été fixées que par un maximum de 5 p. 100.

Au point de vue géographique, ces gisements du Moyen-Congo se trouvent dans une région montueuse, formée de hauts plateaux, recouverte de hautes herbes, parsemée de quelques bois isolés, et occupée par trois groupes de populations : les Bakhamba, les

Bassoundi et les Badondo. Les premiers seuls nous ont fait un accueil amical; les autres sont restés absolument réfractaires à notre pénétration pacifique.

Le climat est moins malsain et moins chaud que dans les autres régions équinoxiales. L'Européen peut y vivre avec une hygiène bien comprise et des congés assez espacés.

Au point de vue de l'alimentation, le pays peut fournir des éléments partiellement suffisants pour l'Européen, si celui-ci prend la peine de planter, et d'élever quelques animaux de basse-cour; mais il lui faut néanmoins des conserves d'Europe. Le sol est très fertile en produits d'alimentation indigène, à la condition expresse, également, que des plantations soient faites, ce qui est la tâche habituelle des femmes. C'est dire qu'avec une population de travailleurs indigènes, agglomérée sur des chantiers industriels, et venus de près ou de loin, il faudra se préoccuper de leur donner des compagnes.

Bien entendu, l'ensemble des autres approvisionnements, de l'outillage et le matériel, doit être amené d'Europe.

La main-d'œuvre indigène, locale, ou des régions voisines, Bakougni et Loango, ne peut fournir généralement que des manœuvres, quoique nous ayons pu déjà y former quelques mineurs. On pourra l'augmenter avec le concours de notre colonie voisine de la Côte occidentale d'Afrique, où l'on trouve de plus des ouvriers spéciaux; mais ceux-ci devront surtout venir d'Europe, comme le personnel dirigeant.

En somme, les conditions générales et économiques locales seraient suffisantes pour la création d'une industrie moderne, à la double condition de lever les difficultés d'ordre politique provenant des indigènes, et de procéder à l'établissement de voies industrielles de transport.

Le Gouvernement de la colonie a formellement promis de résoudre les difficultés provenant des indigènes. Quant aux voies de transport, il appartient à celle des industries que l'on voudra établir la première dans ce pays, c'est-à-dire à l'industrie minière, d'en provoquer la création. A sa suite viendront naturellement toutes les autres.

2. GISEMENTS ET PROJET DE CHEMIN DE FER. — Les gisements du Moyen-Congo, faisant l'objet des études de la Mission, appartiennent

au bassin du Niari, et à un district métallifère très étendu. Ils ont fait l'objet d'exploitations indigènes depuis une lointaine époque. Ils ont été visités, au cours des vingt-cinq dernières années, par divers explorateurs, et notamment par la Mission A. Lechatelier (1893) qui déjà en fit connaître le puissant intérêt. Mais M. Lechatelier dut les abandonner, lorsque notre pays renonça à construire le chemin de fer étudié par sa Mission, et qui devait desservir ces gisements, ainsi que notre colonie, jusqu'à Brazzaville.

Depuis lors, la question n'a pas avancé, et notre propre Mission vient la reprendre au point où l'avait laissée M. Lechatelier, avec la différence que des données nouvelles de tout ordre, au point de vue général, peuvent permettre d'en entrevoir, à présent, la solution, avec des chances de succès plus positives.

Au cours de notre exploration, nous avons constaté que les travaux des indigènes avaient mis en évidence un grand district métallifère, puisque au Moyen-Congo seulement il s'étend sur une centaine de kilomètres (pl. I *bis*). Ces travaux anciens se sont arrêtés généralement au niveau hydrostatique; c'est faute de moyens d'épuisement, et non pas par suite de l'appauvrissement des gîtes, que ces travaux ont été abandonnés. On pouvait donc admettre l'extension de ces gîtes en profondeur [1].

L'ensemble des gisements du Moyen-Congo nous a paru constitué par une zone ou bande minérale filonienne. Cette bande se serait formée à la suite d'une grande cassure perpendiculaire à la chaîne littorale du Mayumbe, et produite à travers les calcaires, supposés dévoniens, qui recouvrent la région, pendant que se faisaient les plissements transversaux, qui ont créé cette chaîne, sous l'action d'une poussée paraissant venir du S. ou du S. O. La cassure, qui serait par conséquent d'époque post-dévonienne, s'étend suivant une direction toujours parallèle à elle-même : N. 72° E. magnétique, avec les interruptions naturelles, dues à divers rejets, correspondant à de grandes vallées de fractures secondaires transversales.

Le gisement occupe ainsi une région, dont les deux parties extrêmes sont : Mindouli au N. E., et M'Boko Songo au S. O. Les mines situées à ces deux extrémités sont surtout cuprifères; les districts du centre, où nous n'avons pu accéder que très partielle-

---

[1] Voir la note complémentaire annexée.

ment, renferment en outre des gisements de plomb, paraissant encore actuellement exploités par les indigènes. Ceux-ci sont venus en force, à notre approche, nous en interdire l'accès, alors que nous recueillions sur le sol des scories riches en plomb et des fragments de tuyères de leur fabrication, qui avaient dû servir à leurs opérations de fusion des minerais, effectuées dans des petits fourneaux creusés dans le sol, suivant un procédé analogue à la méthode catalane employée autrefois en Europe pour les minerais de fer.

La partie S. O. renferme un peu de zinc, et nous y avons reconnu, avec le cuivre prédominant à de hautes teneurs, des teneurs aussi fort élevées en argent associé au cuivre; ces dernières peuvent être considérées à peu près comme un fait nouveau.

Dans cette région S. O. (pl. V), le gisement est constitué par une série d'énormes chapeaux de fer, en amas, alignés, comme les grains d'un chapelet, mais comme des grains immenses, sur la direction de la grande cassure, qu'on peut appeler cassure post-dévonienne du Niari.

A son extrémité N. E., le gisement s'éparpille en minces ramifications, minéralisées en chalcosine, renfermant accidentellement de l'argent natif, donnant du minerai très riche en cuivre, formant des veines peu consistantes et susceptibles seulement d'un petit tonnage. Il contient très accidentellement aussi des dioptases, connues sous le nom de « Mindouli », mais qui sont sans valeur industrielle. Aussi, plusieurs des ingénieurs qui ont visité cette partie N. E. sont restés perplexes.

Au contraire, les amas du S. O. sont considérables. Ils n'ont pas, comme les premiers, fait l'objet de petits puits indigènes; mais ils ont donné lieu à de véritables exploitations à ciel ouvert, comparables à celles de grandes carrières.

Le minerai de cuivre y est répandu en boules, et aussi en placages de malachite concrétionnée et quelquefois d'azurite, disséminées dans les chapeaux de fer, souvent sur des parois verticales, formant le remplissage central, parallèlement aux épontes, d'un puissant filon, parois laissées encore intactes, par places, par les indigènes, comme piliers de soutien. C'est donc un gîte oxydé dans ses parties hautes, et il ne peut en être autrement, par suite de la situation de celles-ci au-dessus du niveau hydrostatique.

Afin de mettre en évidence les parties plus profondes, la Mission a commencé autour de ces grandes excavations à ciel ouvert une série de puits de reconnaissance. Ces puits, au moment de mon départ, étaient arrivés à une douzaine de mètres de profondeur, et ils devaient être poursuivis aussi profondément que possible, autant que le permettraient les venues d'eau.

Notre programme comportait ensuite l'ouverture de galeries, partant du fond de ces puits, pour aller recouper les grands amas, au-dessous des parties exploitées par les indigènes, c'est-à-dire là où l'on avait des chances de rencontrer le gîte encore vierge, et où, probablement, il pourrait se présenter, non plus comme un gîte oxydé, mais bien comme un gîte sulfuré, avec pyrites de cuivre et de fer, susceptibles de donner un puissant tonnage de minerais pyriteux, capable d'assurer l'avenir pour de nombreuses années.

Par suite des obstacles que pourra occasionner l'abondance de l'eau, nous avons conseillé l'emploi du procédé de sondage et recommandé l'envoi de l'outillage correspondant.

Après la période de sondage, dans laquelle les gisements méritent que l'on entre, il sera indispensable d'adopter des moyens mécaniques pour développer la mise à la vue de futures réserves de minerais. Cela comportera des transports lourds, que le portage actuel est insuffisant ou même impuissant à effectuer.

Nous avions donc à étudier d'urgence un tracé de chemin de fer, reliant les mines à un port maritime.

Une voie ferrée visant le trafic minier seulement pourra assurément vivre si les mines sont productives. On peut croire qu'il y a des chances qu'il en soit ainsi, et même très largement ainsi. Mais les données numériques, permettant de légitimer cette conclusion, nous manquent encore; car ces données ne pourront résulter surtout que des travaux d'études ultérieures par sondage, ainsi que des travaux de développement souterrain subséquents, ou de traçage à l'aide de moyens mécaniques, et qui permettront seuls d'effectuer avec certitude la mise en évidence d'un tonnage précis de minerai en vue.

Malgré les grandes probabilités d'avenir que ces gîtes comportent, il ne nous paraît pas sage de s'engager d'ores et déjà dans l'établissement d'une voie ferrée visant seulement le trafic minier, alors que le tonnage pouvant assurer ce trafic, quoique extrêmement probable, n'a pu encore être réellement démontré par des travaux adéquats.

Il ne s'agit pas moins, en effet, d'une voie ferrée de 3oo kilomètres, dont la dépense, même comme chemin de fer de mines, ne paraît pas motivée, par suite de l'insuffisance actuelle des études minières.

C'est pourquoi nous avons envisagé de suite, non pas la construction d'un chemin de fer limité au trafic minier, mais celle d'un chemin de fer destiné au trafic public, devant desservir les mines et la colonie jusqu'à Brazzaville, bien que celui-ci doive avoir un parcours total plus étendu, et d'environ 5oo kilomètres.

Ce projet n'est plus aujourd'hui, comme il l'était du temps de la mission Lechatelier, seulement un projet de voie de *pénétration*, mais bien un projet de chemin de fer, *dont on connaît les éléments probables de trafic*. En effet, dans le trafic actuel du chemin de fer du Congo belge, est compris le trafic du Haut-Congo français lequel suffirait à payer les frais d'exploitation de la ligne française.

Aussi ce projet se présente-t-il aujourd'hui fondé sur des bases permettant d'en raisonner avec plus de certitude qu'autrefois.

Ainsi donc envisagée, les mines et les autres industries de la région desservie fournissant un appoint d'importance plus ou moins probable à ce chemin de fer, la question trouve une solution, car la ligne projetée a des chances sérieuses de couvrir ses frais et de laisser une marge aux bénéfices.

Cette conclusion fait donc disparaître la seule difficulté qui restait à lever, signalée plus haut, sur la possibilité de l'essor de toute industrie, et de l'industrie minière en particulier, dans le Moyen-Congo, puisque l'autre difficulté, résultant de l'état politique des indigènes, sera facilement résolue par l'administration.

3. RECHERCHES ET ÉTUDES À POURSUIVRE. — Nous venons d'indiquer sommairement les principaux résultats de la Mission. D'après ces données, nous devons donc conseiller la poursuite des travaux miniers, lesquels pourront comprendre deux périodes :

1° Celle de la continuation de l'exploration et des reconnaissances commencées par la Mission, suivies de recherches par sondage partout où l'on serait gêné par l'abondance des eaux; de recherches à grande section, partout où l'on n'aura pas à craindre celles-ci;

2° Celle de la mise en développement ou de l'exécution de travaux de traçage, préparatoires de l'exploitation, et même de l'extraction des minerais en provenant, période qui pourra être immédiatement suivie de la mise en exploitation rationnelle des mines, le tout à l'aide de moyens mécaniques modernes, dès l'achèvement d'une section de chemin de fer arrivant aux mines.

Au cours de la première période et dès maintenant, il faudrait, à la suite de la reconnaissance, déjà effectuée par la Mission, du tracé, par la vallée de la Loémé, d'un projet de chemin de fer de Brazzaville à l'Océan (pl. IV, VI et VII) et de port maritime (pl. II et III), pouvoir procéder aux études d'avant-projet de cette voie, partant de Pointe-Noire ou de Loango, passant par les mines elles-mêmes et desservant Brazzaville, directement jusqu'à l'Océan.

Nous sommes d'avis d'abandonner le tracé du Niari-Kouilou, étudié par la mission Lechatelier, parce qu'il serait une voie plus longue, qui aurait à être complétée par de nombreux embranchements miniers et qu'elle n'aboutirait pas à un port maritime, mais seulement à un port fluvial d'accès peu courant.

Nous pensons que la construction de la voie, une fois l'avant-projet suffisamment avancé, devrait commencer le plus tôt possible par les deux extrémités : à la fois par l'Océan et par Brazzaville. Cela diminuerait de moitié la période de construction, et permettrait de fournir au chemin de fer du Congo belge, par le trafic relatif au transport de ce matériel, une compensation, peut-être plus importante qu'on ne le croit, à la perte, qu'il n'éprouverait d'ailleurs que plus tard seulement, de la partie française de son trafic. On arriverait ainsi à une mise en production plus rapide de la région minière, pendant que la section de l'Océan trouverait un trafic important dans l'exploitation des bois de la forêt du Mayumbe, qui s'étendra sur une centaine de kilomètres le long de la voie.

CONCLUSION. — En conclusion, il résulte de ce qui précède :

1° Que les gisements miniers, qui ont fait l'objet de notre examen, sont situés dans des régions dont les conditions générales ne rendront l'exploitation possible qu'à la double condition : d'abord d'obliger les indigènes à laisser accéder les Européens, point sur lequel l'administration a promis satisfaction, ensuite de l'établissement d'un chemin de fer;

2° Que les gisements en question, au Moyen-Congo, nous ont présenté les indications nettes de l'existence d'un bassin métallifère depuis longtemps connu, partiellement exploité par les indigènes, formé dans une zone de fractures, se développant sur une vaste étendue et renfermant, en proportions très intéressantes, du cuivre, de l'argent, du plomb et même du zinc; que ces gisements méritent qu'on y poursuive des études et des travaux soutenus.

En outre, que, parallèlement, il est possible d'établir un chemin de fer pour desservir le bassin minier du Niari, au Moyen-Congo; mais qu'il est plus sage de viser un chemin de fer destiné au trafic public de la colonie entre Brazzaville, les mines et l'Océan; que, par suite, il est urgent de procéder à l'étude de l'avant-projet d'un tracé passant par la vallée de la Loémé, tracé qui, pour des raisons diverses, paraît être la solution acceptable et préférable pour notre colonie française;

3° En conséquence, nous conseillons de poursuivre les travaux de recherches minières, parallèlement avec les études de cet avant-projet et la construction d'un chemin de fer de trafic public desservant les mines, en vue d'arriver le plus rapidement possible à l'établissement de cette ligne, qu'il serait désirable de commencer par les deux extrémités, et qui, seule, permettra des reconnaissances minières souterraines plus étendues, avec la mise en exploitation rationnelle des richesses minières, forestières, agricoles des bassins du Niari-Kouilou, tout en effectuant le trafic du Haut-Congo, arrivant à Brazzaville par des voies fluviales navigables.

# II

## NOTE COMPLÉMENTAIRE

### PAR M. JEAN-MARC BEL.

Depuis mon retour en France, effectué en janvier 1907, le sous-chef de la Mission, M. E. Devès, comme il a été dit, resta au Congo, pour continuer la mise à exécution du programme de reconnaissances souterraines, faisant l'objet des instructions que je lui avais laissées à mon départ. Il vient de rentrer en France, à son tour, en juillet 1907, avec les derniers membres de la Mission.

M. Devès nous a annoncé d'abord, qu'il avait découvert, les parties pyriteuses des gisements considérés; et il nous en a adressé, puis apporté lui-même plusieurs échantillons que nous avons reçus et examinés.

Ces échantillons présentent à la fois des minerais oxydés de malachite et d'azurite, en association avec des pyrites de fer et de cuivre ou de chalcopyrite, à l'état grenu.

Ce fait est de la plus haute importance au point de vue de la possibilité de l'extension des gîtes en profondeur. Il justifie l'opinion que nous avions exprimée dans notre précédent rapport sommaire : que ces gisements étaient d'origine filonienne et faisaient partie du remplissage de grandes fractures de l'écorce terrestre.

Il permet de conclure, sans se borner à des arguments théoriques, que les minerais oxydés et les sulfures noirs, qui composaient jusqu'ici les gisements connus, peuvent provenir de l'altération et de la transformation, sous l'action des influences atmosphériques, au voisinage de la surface du sol, de gisements pyriteux originels, constituant des dépôts permanents de profondeur.

Nul n'avait pu jusqu'ici mettre ces derniers en évidence, du moins dans les gisements du Moyen-Congo, bien que, comme nous l'avions pensé nous-mêmes au début de nos études, on en eut fait, avant nous, l'hypothèse scientifique, en se basant sur des arguments théoriques que nos recherches souterraines viennent de légitimer.

C'est donc là encore un résultat nouveau qui viendra influer d'une façon des plus favorables sur la solution des questions abordées par la Mission.

# III

## COMPTE RENDU SOMMAIRE,

### PAR M. E. DEVÈS,

#### SOUS-CHEF DE LA MISSION.

Je pris la route du Congo à la fin de mai 1906.

Je devais, en attendant l'arrivée du chef de la Mission, conduire à Loango d'abord, et ensuite à M'Boko Songo, centre de la région minière du bassin du Niari, le personnel et le matériel.

Dès notre arrivée à Loango, il fallut songer à organiser le portage, ce qui n'était pas une petite affaire. Nous avions devant nous 350 kilomètres à parcourir dans la brousse et la montagne; nous allions dans un pays absolument dépourvu de toutes choses, et où l'argent même n'avait pas cours. Nous avions donc à nous munir de beaucoup d'articles d'échanges : poudre, sel, étoffes, objets de pacotille, etc.; soit pour faire des cadeaux aux chefs avec lesquels nous aurions à traiter, soit pour effectuer l'achat des vivres dans les villages.

Pour cette expédition, 500 porteurs au moins nous étaient nécessaires par chaque échelon de la route.

Nous ne pouvions pas espérer avoir moins de trois échelons, les indigènes de chaque pays ne sortent guère de leur région respective. C'est donc 1,500 hommes que nous avions à recruter. Je ne souhaite guère à mes collègues le plaisir d'une pareille besogne [1].

Enfin, tant bien que mal, et grâce surtout au bienveillant concours des administrateurs de la colonie, nous pûmes quitter Loango vers les premiers jours de juillet. Nous y étions arrivés le 14 juin à minuit, et il me souvient que nous eûmes quelque peine à trouver un logement.

La contrée que nous avons traversée d'abord était formée de

---

[1] Un porteur porte environ une charge moyenne de 28 kilogrammes. Le prix de transport revenait à 0 fr. 003 par kilogramme et par kilomètre.

vastes plaines sablonneuses, recouverte de petites herbes, avec de rares bouquets d'arbres, de loin en loin. Nous entrâmes ensuite dans les forêts du Mayombe, formées de bois touffus, d'une brousse très épaisse et d'arbres splendides, dont l'exploitation serait fructueuse, si l'absence des moyens de communication ne la rendait pas actuellement impossible.

Le sentier que nous suivions, et que l'on appelle pompeusement la route des Caravanes, grimpait, descendait, pour grimper de nouveau et de nouveau descendre sur le flanc de montagnes escarpées qu'il fallait quelquefois gravir à pic, et il n'était pas rare de voir des porteurs dégringoler avec leurs charges. D'autant plus que la grande humidité des forêts, la pluie fine qui tombe toutes les nuits, à la suite d'un brouillard très dense, rendent plus glissants encore les sentiers argileux.

Pour nous abriter contre cette humidité, nous campions la nuit dans quelque misérable hutte de village nègre, ou bien sous la tente.

Nous descendîmes ensuite dans d'autres plaines, vastes, à hautes broussailles, mais plutôt cailouteuses et ferrugineuses.

Nous ne sommes entrés de nouveau en petite forêt qu'aux approches de notre point de destination, lorsque nous avons quitté, à Madingou, la route de Loango, dite des Caravanes. Cette dernière partie du trajet dura deux jours, et le 19 juillet, nous étions à M'Boko Songo.

Dès le lendemain de notre arrivée, nous nous mettions à l'œuvre pour choisir l'emplacement du futur village que nous voulions créer, en tenant compte : 1° de l'aération, absolument nécessaire dans ces pays insalubres; 2° de la qualité de l'eau que nous aurions à proximité; 3° de l'éloignement des marécages, ainsi que des villages qui sont généralement malsains et sales.

Puis nous commencions la construction de nos cases.

Le pays ne fournissait ni pierres ni briques, peu de bois, et nous dûmes nous contenter, en outre, de la paille pour tous matériaux. Des constructions en torchis eussent demandé un temps trop long pour des gens pressés, d'autant plus que nous disposions d'une main-d'œuvre fort réduite. En dehors de nos 16 Sénégalais, nous n'avions pu en effet nous procurer des travailleurs que plus tard, et nous en eûmes jusqu'à une centaine. Ce furent des Loango, car les naturels du pays se refusaient à tout concours. Un peu par méfiance, un peu par paresse, ceux-ci ne nous aidèrent jamais dans nos travaux miniers proprement dits.

Nous eûmes, au commencement, de grosses difficultés, même pour nous procurer des vivres ; et, nous avons été fort déçus de ne pas trouver les vivres indigènes sur lesquels nous avions compté pour les premiers jours de l'installation. Je fus obligé d'envoyer des hommes chercher le riz de notre convoi, resté en arrière. Pour nous Européens, nous avions des conserves et des légumes secs.

Tout en construisant les cases, nous commencions les travaux de prospection et d'exploration, travaux rendus pénibles par le caractère broussailleux de la région. Les herbes y poussaient drues et serrées, et s'élevaient à hauteur d'homme. Les rares sentiers et pistes disparaissaient sous ces voûtes épaisses, et personne parmi les indigènes ne consentait à nous servir de guide.

Nous ne pouvions compter sur leur sympathie.

Une année avant notre arrivée, un ingénieur belge et son escorte avaient été reçus à coups de fusil. Le poste français n'existait que depuis deux mois. Pour comble de malheur, des bruits malveillants s'étaient répandus, et l'on avait fait croire aux indigènes que nous venions leur faire la guerre. Plusieurs villages s'étaient enfuis même avant notre arrivée. Je faillis être victime de leur hostilité. Au cours d'une tournée aux environs de M'Boko Songo, dans le sud, chez les Bassoundi, j'entendis tout à coup, vers les 4 heures du soir, des cris qui me parurent significatifs. Les sauvages, après un court palabre, tenu de loin entre eux et moi, s'avancèrent au nombre d'une trentaine, tous armés de fusils (à pierre sans doute), en chantant, sur un ton monotone, un hymne que mon interprète me traduisit. C'étaient des paroles obscènes par lesquelles on me signifiait qu'on réglerait mon compte dans la soirée. Nous étions trois contre eux. Peut-être se seraient-ils contentés de me menacer encore ; mais dans le doute je crus prudent de me retirer. Durant ma retraite, obligé d'enlever mon casque, pour me dérober à la vue de mes assaillants, je fus atteint d'une forte insolation qui m'immobilisa pendant vingt jours. Heureusement le chef de la Mission était alors sur les lieux.

Il était venu accompagné de sa courageuse femme. Mᵐᵉ Bel est bien l'une de nos coloniales les plus hardies et les plus dévouées. Elle a suivi son mari sur tous les points du globe et dans les ex-

.cursions les plus difficiles. (La traversée de Brazzaville à Loango n'est pas une des moindres, 600 kilomètres par voie terrestre en *filanzane*, ou à pied dans les endroits difficiles.)

L'expérience et l'activité de M^me Bel nous furent précieuses pour l'organisation de notre village. Elle avait aménagé avec soin une case où les bureaux de la Mission devaient être installés; malheureusement, une après-midi, ce petit palais devint en un clin d'œil la proie des flammes. M^me Bel avait en outre commencé, à la fois, la création d'un jardin potager, chose indispensable à la santé du personnel européen dans un pays manquant de tout, et celle d'une basse-cour, montée avec les animaux qu'elle avait pu obtenir en cours de route, soit par les cadeaux des chefs de village, soit par des achats: chevreaux, moutons, poulets, pigeons, chats, etc.

Peu avant le départ de M. Bel, nous commencions à trouver des travailleurs nègres, non point du pays, mais de la côte, des Loango. C'est une race plus accessible que les autres, s'expatriant facilement, mais en général paresseuse et se nourrissant très mal. Il y a cependant parmi les Loango des sujets intelligents et travailleurs. Leur salaire, y compris la nourriture, varie de 35 à 40 francs par mois. Nos Sénégalais étaient payés plus du double, mais le rendement était en proportion. Le Loango se contentant, pour sa nourriture, de quelques bananes, d'un peu de manioc ou de pistaches, ne peut donner un grand rendement.

Les gens du pays, sans jamais vouloir nous aider d'une façon effective, finirent par nous être moins hostiles, du moins dans un cercle assez restreint. Je fis connaissance de plusieurs chefs et je les invitais à manger le porc chez moi, cérémonie nécessaire pour conclure l'amitié.

La région que nous habitions était celle des Bakhamba. Nous voisinions avec les Bassoundi et les Badondo; ces deux dernières tribus étaient hostiles à la pénétration des Blancs. Tous ces Noirs, sans exception, sont naturellement paresseux, passant leur temps à tenir des *palabres*, à fréquenter les marchés pour se griser avec du vin de palmier.

C'est un liquide d'un blanc laiteux que l'on se procure en faisant une incision à la cime du tronc du palmier, vers la naissance des feuilles, et que l'on reçoit dans une calebasse attachée à l'arbre. Ce soutirage se fait tout seul, pendant la nuit. A vrai dire, lorsqu'elle est bue le matin, avant qu'elle n'ait fermenté, cette boisson est d'un goût agréable et l'on dirait du vin sucré. Il serait cependant exagéré de la comparer, comme on l'a fait, aux meilleurs de nos vins de Champagne, bien qu'elle soit mousseuse dès qu'elle commence à fermenter.

Les indigènes se nourrissent du produit des plantations, que les femmes travaillent dans la mesure de leurs plus stricts besoins. Le pays produit aussi bananes, patates, ignames, etc. Les légumes d'Europe y viendraient très bien, même la pomme de terre. Comme fruits, on y trouve surtout la papaye et l'ananas à l'état sauvage. Comme viande, les antilopes et les bœufs sauvages sont assez rares dans la région, et l'on ne peut guère compter que sur quelques poulets et chevreaux. Il serait cependant facile de se créer un petit troupeau et une bonne basse-cour. On n'aurait à faire venir d'Europe que le vin, la farine, le riz, ou autres denrées, dont les frais de transport de Loango à la mine doublent le prix d'achat; mais on est bien heureux encore lorsqu'il n'y a pas d'avaries en route.

On comprendra, par ces détails, que la vie soit assez chère au Congo.

Les plus grandes distractions des indigènes consistent à jouer du tam-tam, et à danser au son de cet instrument primitif. Hommes, femmes, enfants se réunissent en cercle; un des leurs tape sur une peau de bouc adaptée à un tronc d'arbre creux; les autres, à tour de rôle, exécutent, au milieu, la danse du ventre, plus ou moins accentuée.

Au point de vue géologique, la région se trouve dans la série des calcaires dévoniens ou siluriens : les géologues ne sont pas d'accord sur leur âge, car les fossiles y font totalement défaut. En certains endroits, le calcaire se trouve recouvert par les grès. Le minerai de cuivre se rencontre dans des fractures des calcaires, mais il n'existe pas dans les grès supérieurs. Les naturels ont exploité jadis des poches et des amas considérables; ils en extrayaient surtout de la malachite, qu'ils fondaient eux-mêmes, par des moyens tout à fait primitifs. On trouve, dans toute la région, des débris de tuyères en terre réfractaire, et des scories où sont souvent adhérentes encore des gouttelettes de cuivre fondu.

Il y a aussi des gîtes plombifères, que les indigènes exploitent également, et dont ils réduisent le minerai pour fabriquer des culots de plomb.

Au point de vue de la santé, nous avions surtout à redouter la fièvre bilieuse hématurique, les insolations, qui y sont très dangereuses, ainsi que la maladie du sommeil. On combat et on évite les premières à l'aide de la quinine préventive, 3o centigrammes trois fois par semaine, et d'un purgatif de temps à autre. Quant à la maladie du sommeil, prise à temps, elle serait maintenant guérissable.

Les saisons se divisent en saison sèche et saison des pluies. La saison sèche va de fin mai à fin octobre, et la saison des pluies, de fin octobre à fin mai, coupée par une petite saison sèche en janvier.

Durant la saison sèche, la température est très supportable, les nuits très fraîches; le temps est couvert toute la journée. Tandis que la saison des pluies est très fatigante; la tension électrique y est considérable. La pluie ne tombe généralement que durant les tornades, mais elle tombe à torrents; la tornade passée, le soleil reparaît ardent et la chaleur devient accablante.

Nos travaux d'études souterraines ont continué jusqu'au mois de mai dernier. Notre chef de mission est rentré en France auparavant, me laissant le soin de les poursuivre.

J'ai pu terminer heureusement le programme des travaux confiés à mes soins, et ramener en France les derniers membres de la Mission, tous en bonne santé, sauf un dont le grand âge ne lui avait pas permis de supporter, aussi bien que les autres, toutes les fatigues de cette expédition, mais qui a pu rentrer chez lui se soigner et prendre une retraite bien gagnée.

# IV

## RAPPORT

### DE RECONNAISSANCE DE VOIE FERRÉE
### DE BRAZZAVILLE À L'OCÉAN,

#### PAR M. LE CAPITAINE J. MORNET,
##### DU GÉNIE, MEMBRE DE LA MISSION.

---

**Instructions reçues.** — Les instructions reçues du chef de la mission, peuvent se résumer ainsi :

1° Reconnaître un tracé de voie ferrée allant de la mer à Brazzaville, et passant par la vallée de la Loémé, la région de M'Boko Songo et celle de Mindouli;

2° Reconnaître un emplacement favorable à l'établissement d'un port maritime, origine de la voie ferrée.

Cette étude comprendra donc deux parties :

1° Chemin de fer;
2° Port.

Nous ne donnerons ici que les résultats des reconnaissances faites, sans parler des moyens employés pour arriver à ces résultats.

#### VUE D'ENSEMBLE SUR LA RÉGION COMPRISE
#### ENTRE BRAZZAVILLE ET LA MER.

Dans son ensemble, cette région se présente sous la forme d'un immense plateau, bordé à l'Ouest par le massif montagneux du Mayombe.

La dernière crête de ce massif montagneux et la plus élevée, précède immédiatement le plateau. Schématiquement le profil en long du terrain de la mer à Brazzaville peut être représenté par les figures ci-dessous.

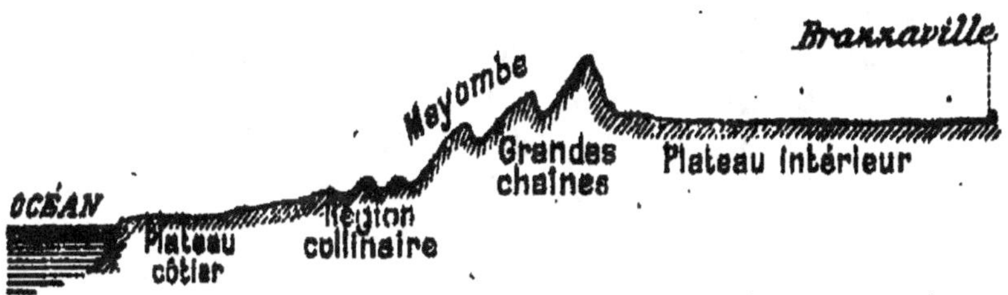


Fig. 1. — Coupe schématique de la mer à Brazzaville.

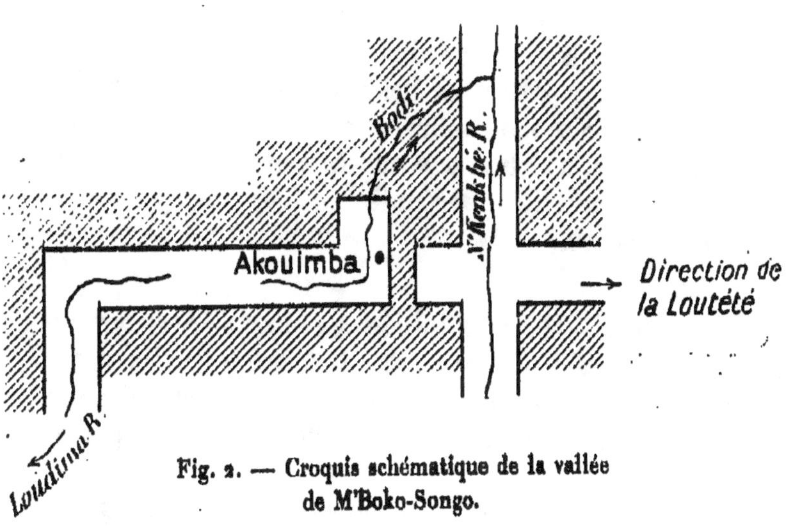


Fig. 2. — Croquis schématique de la vallée
de M'Boko-Songo.

Nous étudierons successivement :

1° Ce massif montagneux, en allant de la crête supérieure du Mayombe à la mer;

2° Le plateau intérieur du Mayombe jusqu'à Brazzaville.

**Montagnes du Mayombe.** — *De la ligne de faîte jusqu'à la mer. Grandes chaînes.* — Ce massif montagneux est formé par une série de crêtes parallèles, d'altitude progressivement décroissante de l'Est à l'Ouest. L'ossature de chacune de ces crêtes est rocheuse. Généralement la roche n'apparaît que dans les thalwegs, partout ailleurs elle est recouverte d'une couche de sable, d'argile et de latérite, produits de sa décomposition. Mais parfois dans les parties dénudées, ces produits meubles décomposés ont été entraînés assez vite par les eaux, pour laisser à nu l'ossature rocheuse, qui apparaît alors sur le sommet même de la crête, d'une rectitude absolue, véritable épine dorsale de la ligne des collines, ressemblant aux murs ruinés de quelque fantastique muraille de Chine.

Cet aspect est particulièrement remarquable près du village de Mabidi, sur la chaîne secondaire qui sépare la haute chaîne du Mayombe de la plaine de Yangala.

**Région collinaire.** — Il semble que la décomposition de tous ces chaînons parallèles soit d'autant plus avancée que l'on se rapproche davantage de la mer. Quand on a quitté le voisinage de la ligne de faîte, où les crêtes parallèles sont nettement marquées encore, on arrive dans une région moins élevée, mais aussi plus confuse, où l'érosion n'a plus laissé subsister que des fragments de chaîne, des collines isolées, découpées en tous sens par des rivières et des ruisseaux.

**Plateau côtier.** — Plus près du rivage encore, l'ossature rocheuse primitive, d'abord décomposée, a dû être recouverte par la mer qui a laissé des dépôts en grande partie argileux, formant la plaine qui s'étend de Loango et de Pointe-Noire jusqu'à la Loémé.

Les formes primitives du sol sont aujourd'hui masquées par le manteau uniforme des sédiments.

**Rivage actuel** (pl. I et I *bis*). — Cependant c'est l'ossature rocheuse primitive qui a donné sa forme au rivage actuel. Ce rivage est en dent de scie, composé d'une série de lignes droites ayant toutes la direction N. O. des chaînes du Mayombe et correspondant aux anciennes chaînes de l'orographie primitive. L'ossature rocheuse apparaît aux pointes qui terminent, dans la mer, chacun de ces alignements : Pointe-Noire, Loango, Banda, Mayoumba.

Chacun des ressauts du rivage a donné naissance à une baie, port naturel plus ou moins facile.

**Plateau intérieur entre le Mayombe et Brazzaville.** — Dans cette région, les formes du relief ont dû être déterminées surtout par des phénomènes de cassure et d'effondrement.

Il semble bien qu'à l'origine la contrée ne formait qu'un immense plateau uniforme buté au massif du Mayombe.

*Cassures rectangulaires.* — Des fractures se sont produites suivant deux directions principales, l'une parallèle, l'autre perpendiculaire à celle des chaînes du Mayombe.

Par suite de ces fractures, des compartiments du sol se sont effondrés, tandis que d'autres restaient en place ou partiellement soulevés.

Ces grands mouvements ont donné au pays son aspect d'ensemble. Les phénomènes d'érosion apparaissent seulement comme des phénomènes secondaires, dont l'action s'est bornée à donner à la surface du sol le modelé de détail.

*Vallées d'effondrement.* — Les compartiments effondrés ont formé des vallées parfois à double versant, comme les hautes vallées de la Loudima et de la N'kenk'é à M'Boko Songo, comme la vallée de la Louvisi orientale, prolongée en sens inverse par la vallée de la Loemba et de la Comba, comme celle d'un grand affluent de droite de la N'kenké et la Loutété vers le pic Albert.

Aussi, voyons-nous presque toutes les rivières avoir, comme direction principale de leur cours, l'une des deux directions rectangulaires de cassure.

A la première direction, celle des crêtes du Mayombe, appartiennent : le cours de la Loudima inférieure et moyenne, la Loemba supérieure, le Niari, de Kimbedi à Bouenza, le cours inférieur de la Louvisi orientale, etc.

La direction perpendiculaire comprend le cours de la Loudima supérieure, la Loemba inférieure, la Loutété, prolongée par le Niari entre Kimbédi et Biédi, le cours supérieur de la Louvisi orien-

tale, prolongé par le cours de la Loemba et de la Comba, la Lou-
kouni, etc.

**Conclusion.** — Comme conclusion de ces vues d'ensemble :

1° Un port devra s'abriter dans un des ressauts du rivage, derrière l'une des pointes ci-dessus décrites ;

2° Un chemin de fer devra chercher un tracé, qui, après avoir
traversé la plaine côtière, puis la région confuse des premières
chaînes du Mayombe, lui permette de franchir les crêtes successives du massif montagneux. Parvenu sur le plateau intérieur, il
devra utiliser autant que possible les vallées d'effondrement, toujours larges et faciles, mais malheureusement discontinues. Il ne
sera pas toujours possible de passer de l'une dans l'autre, sans traverser des parties plus ou moins montagneuses.

### CHEMIN DE FER.

Nous allons étudier les conditions d'établissement d'une voie
ferrée, successivement dans chacune des régions traversées, en partant de la mer et en se dirigeant vers Brazzaville.

*Origine de la voie ferrée à Pointe-Noire.* — Le port, origine de la
voie ferrée, serait situé à Pointe-Noire pour les raisons qui seront
exposées plus loin.

De Pointe-Noire à Brazzaville, nous diviserons la région étudiée
en trois grandes sections, séparées par les points de passage obligés :

A. *De Pointe-Noire à M'Boko Songo ;*

B. *De M'Boko Songo à Mindouli ;*

C. *De Mindouli à Brazzaville.*

## A. DE POINTE-NOIRE À M'BOKO SONGO,

### PAR LA VALLÉE DE LA LOÉMÉ.

Nous avons parlé, au chapitre précédent, des formes générales
du relief.

En partant de la mer, nous rencontrerons donc successivement les régions suivantes, nettement différentes au point de vue topographique :

1° Bas plateau côtier sédimentaire ;
2° Région de petites collines à formes confuses et accidentées ;
3° Massif principal du Mayombe ;
4° Haut plateau intérieur.

*La Loémé.* — La Loémé a une direction générale perpendiculaire à celle des crêtes du Mayombe. Elle prend sa source au pied de la dernière crête, la plus élevée, *coupe successivement toutes les autres crêtes parallèles*, en restant perpendiculaire à leur direction ; elle ouvre ainsi une véritable brèche, un couloir dans cette série de hauteurs.

Quand la Loémé pénètre dans la région de petites collines, qui précède le Mayombe, elle remonte un peu vers le nord, décrit une immense boucle, en arc de cercle, qui la ramène sur sa direction primitive aux environs de son confluent avec la Boubissi.

Puis elle s'infléchit plus encore vers le Sud, traverse les lacs marécageux de Cayo et de Bafou avant de se jeter dans la mer à Massabe, formant, à son embouchure, la limite entre les territoires français et portugais.

Une ligne droite partant de Pointe-Noire, tangente à la partie la plus septentrionale de la frontière portugaise, couperait la Loémé près de son confluent avec la Boubissi, la rejoindrait vers le village de Ncessé, et en remonterait le cours jusqu'à sa source.

C'est donc évidemment le tracé le plus avantageux pour une voie ferrée puisque, d'une part, il suit la ligne la plus directe, et que, d'autre part, depuis Ncessé la vallée de la Loémé dispense de franchir les crêtes successives du Mayombe, sauf la dernière.

Le massif du Mayombe est bordé, dans sa partie orientale, par une dépression parallèle, qui forme le long et étroit marais, connu sous le nom de plaine de Yangala, laquelle est probablement une vallée d'effondrement.

De l'autre côté de cette plaine, on trouve un massif collinaire assez confus ; puis on arrive à la vallée de la Loudima, autre vallée d'effondrement, parallèle aux crêtes du Mayombe, et continuée par une vallée perpendiculaire, qui arrive jusqu'à M'Boko Songo.

Nous pouvons donc, de Pointe-Noire à M'Boko Songo, distinguer plusieurs sections qui diffèrent entre elles par la nature topographique du sol :

1° *De Pointe-Noire à la Loémé;*
2° *De la Loémé à Ncessé (près du poste de Tchimpéze);*
3° *De Ncessé au pied de la chaîne du Mayombe;*
4° *Traversée du Mayombe;*
5° *Traversée de la plaine de Yangala;*
6° *De la plaine de Yangala à la Loudima;*
7° *Vallée de la Loudima jusqu'à M'Boko Songo.*

1° **De Pointe-Noire à la Loémé.** — *Aspect topographique de la région.* — Grand plateau de faible altitude (50 à 100 mètres environ), légèrement ondulé, couvert d'une herbe fine et courte, parsemé de bouquets de bois, de plus en plus nombreux à mesure qu'on se rapproche de la Loémé. Les études y seraient faciles, les terrassements presque nuls.

Il est coupé de vallées assez profondes qui seraient les seules difficultés du tracé. Heureusement ces vallées sont en très petit nombre, et les rivières qui s'y écoulent ne sont que des ruisseaux où suffiront des ouvrages d'art sans importance.

*Longueur de la section.* — Environ 40 kilomètres.

*Profil et tracé.* — Profil accidenté. Courbes à grand rayon.

*Terrassements.* — Insignifiants.

*Ponts.* — 4 à 5 ponceaux de 2 à 4 mètres de portée.

*Ressources en matériaux.* — Très faibles, à part le sable. Peu de bois. Ni pierre ni chaux, sauf les quelques rochers de Pointe-Noire.

*Pont sur la Loémé.* — La Loémé devrait être franchie, dans les environs de son confluent avec la Boubissi, sur un pont d'environ 80 mètres de portée.

Le point de passage devra être étudié spécialement. Dans cette partie, la Loémé est large et profonde; elle s'écoule lentement entre des rives généralement marécageuses. Seule une exploration attentive de la rivière permettra de fixer un point de passage; mais il est peu probable que l'on trouve un seuil rocheux qui permette d'asseoir facilement les piles et culées.

Il y aura à se préoccuper de trouver des pierres, si possible; je n'en ai pas vu trace dans la région; c'est seulement plus à l'Est que le roc commence à apparaître, si l'on excepte toutefois les pierres de Pointe-Noire.

2° **De la Loémé à Ncessé.** — *Aspect topographique de la région.* — Dans l'intérieur de la boucle décrite vers le nord par la Loémé, la topographie est assez confuse ; c'est une série de petits plateaux, parsemés de collines peu élevées, mais à pentes raides, qu'il serait néanmoins assez facile de franchir ou de tourner, sans avoir à effectuer de grands terrassements. Il semble qu'il y aurait avantage à suivre la vallée de la Boubissi, affluent de gauche de la Loémé et dont le cours décrit à peu près la corde de l'arc de la Loémé.

En somme, on se trouve dans un terrain analogue à celui dans lequel se développe la voie ferrée de la Côte d'Ivoire. Comme à la Côte d'Ivoire également, on se trouve dans la grande forêt continue, ce qui, joint à la topographie confuse, peut rendre les études longues et pénibles.

Le terrain est sillonné d'une quantité de petits cours d'eau, heureusement à très faible débit. Il y en a très peu que l'on ne puisse franchir à pied sec en saison des pluies. Il y aurait à construire un grand nombre de ponceaux, dont la plus grande portée ne dépasserait pas 6 mètres.

*Longueur de la section.* — Environ 5o kilomètres.

*Profil et tracé.* — Profil accidenté, sans rampes très grandes. Tracé sinueux. Courbes de rayon moyen.

*Terrassements.* — Moyens.

*Ponts.* — 35 ponceaux de 2 à 6 mètres.

*Ressources en matériaux.* — Sables et pierres (grès et pierres granitiques). Bois en abondance. Pas de chaux.

3° **De Ncessé au pied du Mayombe.** — *Aspect topographique de la région.* — A Ncessé, on rejoint la Loémé. C'est vers ce point que la Loémé sort de la partie montagneuse : la rivière a un cours violent, barré de nombreux rapides ; elle est large de 20 à 4o mètres ; les gués y sont extrêmement nombreux ; les berges, tantôt plates et basses, tantôt élevées et rocheuses ; la rivière décrit de nombreuses boucles, et parfois les collines qui la bordent sont assez élevées et escarpées.

Il y a un assez grand nombre de ruisseaux affluents et une rivière importante : la Louvakou.

C'est la partie montagneuse du tracé; la voie devrait suivre la vallée, franchissant tous les petits cours d'eau, accrochée parfois au flanc du rocher, dans les endroits où la Loémé coupe les arêtes montagneuses. Elle arriverait ainsi jusqu'au pied de la dernière chaîne du Mayombe, vers le confluent de la Loémé et de la Mikoudji.

Les difficultés de construction dans cette section sont comparables à celles du chemin de fer de la Guinée française, car on est en pleine forêt vierge.

*Longueur de la section.* — Environ 20 kilomètres.

*Profil et tracé.* — Profil peu accidenté. Tracé très sinueux. Courbes de faible rayon.

*Terrassements.* — Importants. Roctage.

*Ponts.* — 20 ponts de 2 à 6 mètres. 1 pont de 20 mètres sur la Louvakou.

*Ressources en matériaux.* — Sable, pierres et bois. Pas de chaux.

4° **Traversée du Mayombe.** — C'est la plus grosse difficulté que l'on aurait à vaincre sur tout le parcours de Pointe-Noire à Brazzaville.

On se trouve en véritable pays de montagnes, avec des pentes abruptes, des parois de rocher à pic au-dessus des rivières, qui coulent dans de véritables gorges, où le pittoresque est en raison inverse de la facilité du parcours. L'épaisse et impénétrable forêt tropicale couvre le tout de son manteau, rendant encore plus pénibles les études.

C'est la dernière crête du Mayombe, celle que la Loémé n'a pu percer, véritable mur de rocs et de forêts.

Une étude prolongée sera nécessaire pour arriver à déterminer le point de passage. Il faudra, à partir du confluent avec la Louvakou, étudier le cours de la Loémé et celui de chacun de ses affluents, pour aller jusqu'aux cols qui séparent ces hautes vallées de l'autre versant, suivre les lignes de crête, et, lorsqu'on connaîtra ainsi en détail cette région, d'ailleurs assez restreinte, choisir le col à la fois le plus bas et d'accès le plus facile.

Une fois franchie la crête de partage des eaux entre la Loémé et le Niari, la descente sur l'autre versant sera plus aisée.

En premier lieu, la plaine de Yangala, qui borde le versant

oriental, est à une altitude supérieure d'une centaine de mètres à celle de la haute vallée de la Loémé.

*Haute vallée de Mabidi.* — En second lieu, la descente sera facilitée par une sorte de palier à mi-hauteur, formé par une haute vallée parallèle à la crête du Mayombe, séparée de la plaine de Yangala par une chaîne de collines secondaires.

Cette haute vallée, où se trouve l'important village de Mabidi, est large et de parcours facile. Des rivières la suivent, qui, se retournant brusquement à angle droit, descendent dans la plaine de Yangala par des brèches pratiquées dans la ligne des collines rocheuses qui forment, au Nord-Est, la première arête du Mayombe. Ce sont ces brèches qu'une voie ferrée pourrait utiliser, pour descendre depuis la haute vallée de Mabidi jusque dans la plaine de Yangala.

La vallée de Mabidi marque à peu près la limite de la grande forêt.

*Longueur de la section.* — Environ 20 kilomètres.

*Profil et tracé.* — Très accidentés.

*Terrassements.* — Très importants. Murs de soutènement probables.

*Ponts.* — 10 ponts de 2 à 6 mètres. Il est probable qu'on sera amené à en faire quelques-uns de plus grande portée à la traversée de certains ravins.

*Ressources en matériaux.* — Sables, pierres et bois. Pas de chaux.

**5° Traversée de la plaine de Yangala.** — La plaine de Yangala est constituée, en majeure partie, par un immense marais de 1 kilomètre de largeur sur 20 à 30 de longueur, et dont la direction est parallèle aux crêtes du Mayombe.

La profondeur de ce marais n'est jamais considérable, puisque presque partout on peut le traverser à gué, même en saison des pluies. Il est couvert d'une végétation spéciale d'herbes et de roseaux.

De chaque côté s'étendent de vastes terrains plats, très sains, couverts de villages et de cultures. Au milieu même du marais, on rencontre des îlots de terrain solide, formés d'argile et de latérite, diminuant beaucoup la largeur totale restant à franchir.

La traversée par une voie ferrée ne présenterait donc aucune difficulté, surtout à l'aide d'une voie Decauville pour effectuer les transports de terre qui, grâce aux flots solides, ne se feraient jamais à très grande distance.

Le fond du marais est ferme; on ne se trouve pas en présence des grands amas de vase liquide qui au Dahomey, par exemple, ont rendu si pénible la traversée de certains marais tels que celui d'Allada.

*Longueur de la section.* — Environ 5 kilomètres.

*Profil et tracé.* — Très peu accidentés.

*Terrassements.* — Quelques remblais de 4 mètres au maximum.

*Ponts.* — 2 ou 3 ponceaux pour l'écoulement des eaux.

*Ressources en matériaux.* — Sables, pierres et bois. — Pas de chaux.

6° **De la plaine de Yangala à la vallée de la Loudima.** — La plaine de Yangala est séparée de la vallée de la Loudima par un massif collinaire assez confus.

On trouve d'abord un plateau, de relief assez faible, coupé de vallées peu profondes (15 à 20 mètres), parallèles à la plaine de Yangala.

Le fond de ces vallées est occupé par des marais analogues à celui de Yangala. Il n'y aurait point là de difficultés sensibles pour une voie ferrée.

On trouve ensuite des collines au relief plus accentué, aux pentes plus rapides, aux vallées plus étroites et plus profondes. Il y aurait à chercher, au milieu d'elles, un passage pour une voie ferrée.

Je n'ai pu d'ailleurs parcourir ce massif dans la partie que traverserait la voie. J'ai été forcé de passer plus au Nord.

Il n'y a pas dans cette région de rivière importante, donc pas de grand pont à construire.

Le sol est constitué par des grès, des argiles et de la latérite.

*Longueur de la section.* — Environ 40 kilomètres.

*Profil et tracé.* — Moyens.

*Terrassements.* — Moyens.

*Ponts.* — Environ 20 ponts de 2 à 10 mètres.

*Ressources en matériaux.* — Sables, pierres. Bouquets de bois dans les vallées. Pas de chaux.

7° **Vallée de la Loudima jusqu'à M'Boko Songo.** — Une fois atteinte la vallée de la Loudima, on peut dire que toutes les difficultés techniques cessent jusqu'à M'Boko Songo.

On se trouve dans une vallée large, coupée de cours d'eau sans importance, de marais sans profondeur et généralement étroits. Il suffira donc, non pas de poser simplement la voie sur le sol, mais de faire quelques terrassements, quelques ponts et ponceaux, en suivant la vallée jusqu'à M'Boko Songo, où l'on peut accéder facilement par la Loudima.

Il y a peu de forêts, mais les quelques bouquets de bois, disséminés le long du tracé, suffiront pour les besoins de la construction.

*Longueur de la section.* — Environ 75 kilomètres.

*Profil et tracé.* — Peu accidentés.

*Terrassements.* — Peu importants.

*Ponts.* — Environ 30 de 2 à 10 mètres.

*Ressources en matériaux.* — Sables et pierres. Bouquets de bois dans la région calcaire.


## B. De M'Boko Songo à Mindouli.

(Voir le lever partiel au 1/40000 de la vallée de M'Boko Songo, pl. V.)

La vallée de M'Boko Songo constitue un des exemples les plus remarquables des vallées d'effondrement dont nous avons parlé au début.

Encadrée entre de hautes montagnes, elle constitue une sorte de couloir long de 10 kilomètres, et large de 300 à 500 mètres.

A l'Ouest, barrée par de hautes collines, elle est continuée à angle droit par une autre vallée d'effondrement que suit la Loudima.

A l'Est, barrée également par un mur de roche, elle se continue également à angle droit par une autre vallée d'effondrement que suit le Bodi, petit affluent de gauche de la N'kenkè. Mais la vallée d'effondrement cesse brusquement au bout de 2 kilomètres, et le Bodi est alors obligé de se frayer un passage, par des gorges étroites, pour gagner la large vallée de la N'kenké, autre vallée d'effondrement, transversale à celle de M'Boko Songo.

Dans la vallée de M'Boko Songo prennent donc naissance deux rivières coulant en sens inverse et se dirigeant dans deux bassins hydrographiques différents, quoique affluant tous deux au Niari.

La ligne de partage des eaux entre ces deux bassins est à peine marquée, et, quand on parcourt la vallée, il est difficile de la distinguer.

**Vers Mindouli.** — De l'autre côté du mur de roche, qui ferme la vallée de M'Boko Songo du côté d'Akouimba à l'Est, se trouve d'abord la vallée de la N'kenké, puis des contreforts calcaires, au delà desquels existe également une vallée d'effondrement, transversale à celle de la vallée de la N'kenké, examinée par M. Bel, et qui est parallèle à celle de M'Boko Songo.

Cette vallée se trouve dans le prolongement de la vallée de la Loutété, qui, à vol d'oiseau, paraît être le chemin le plus direct, de M'Boko Songo vers la vallée du Niari, Comba et Mindouli. De plus, la vallée de la Loutété renferme aussi des gisements miniers importants.

Il y a donc, pour gagner la vallée du Niari, deux voies possibles :

1° La vallée du Bodi et la vallée de la N'kenké ;

2° La vallée d'un affluent de droite de la N'kenké et celle de la Loutété.

1° *Par la vallée de la N'kenké.* — Cette voie, la moins directe, est la plus facile, puisqu'il suffit de suivre la vallée.

Seule la partie de la rivière Bodi, comprise entre la région montagneuse, présenterait sur environ 2 kilomètres quelques légères difficultés dues à l'étroitesse de la vallée ; mais une fois atteinte la N'kenké, toute difficulté technique cesse ; on est dans une vallée large, à fond légèrement ondulé, puis on atteint celle du Niari, également de parcours très facile jusqu'à Mindouli.

Les ouvrages d'art seraient peu nombreux ; mais on aurait quelques ponts de 10 à 30 mètres à construire au passage des principaux affluents de gauche du Niari.

2° *Par la vallée de la Loutété.* — Par là le tracé ne serait pas beaucoup plus accidenté.

On peut en effet accéder à la Loutété en suivant la vallée du Bodi jusqu'à son confluent avec la N'kenké et descendre celle-ci pendant quelques kilomètres ; on gagne ainsi la dépression transversale à la vallée de la N'kenké, qui est parallèle à celle de M'Boko Songo, après un crochet de quelques kilomètres au Nord.

D'après les renseignements rapportés par MM. Bel et Devès, la vallée de la Loutété serait dans le prolongement de cette dépression, et la ligne de partage des eaux entre cet affluent de droite de la N'kenké et la Loutété serait très basse, comme celle qui, dans la vallée de M'Boko Songo, sépare la vallée du Bodi de celle de la Loudima.

On gagnerait ainsi au moins une quinzaine de kilomètres sur la longueur du tracé, et on passerait dans la région minière de la Loutété.

Le choix du tracé à adopter devra donc être basé :

1° Sur des études comparatives complètes faites sur place ;

2° Sur des considérations minières.

La région de la Loutété étant inaccessible, lors de notre voyage, je n'ai pu la visiter pour y faire une reconnaissance préliminaire.

Cette section de M'Boko Songo à Mindouli aurait une longueur totale de 100 à 120 kilomètres.

Les difficultés techniques se trouveraient réduites à un ou deux points ; le reste serait relativement facile.

On aurait à construire une demi-douzaine de ponts, de 10 à 30 mètres, pour le passage des principaux affluents de gauche du Niari.

Partout la pierre se trouve facilement et les calcaires abondent. Les bouquets de bois disséminés çà et là, le long du tracé, fourniraient les bois nécessaires aux travaux.

## C. De Mindouli à Brazzaville.

Pour cette section, il existe déjà deux études de voie ferrée : celle du capitaine aujourd'hui lieutenant-colonel du génie Belle, et celle de la Compagnie minière du Congo français visant la région de Mindouli.

La section aurait une longueur de 130 kilomètres environ.

## PORT.

Nous écarterons *a priori* les solutions qui consisteraient à faire un port :

1° Au nord de l'embouchure du Kouilou-Niari, car ce serait une situation trop excentrique par rapport à la direction générale de la voie ferrée ;

2° Au sud de la frontière portugaise, afin de rester en territoire français.

Le port origine de la voie ferrée devra donc être situé :

1° Entre l'embouchure du Kouilou et la frontière portugaise ;

2° Dans une des baies abritées, derrière une des pointes de roche de la côte.

Il en résulte immédiatement que deux points de la côte seulement peuvent convenir pour l'établissement d'un port, Loango et Pointe-Noire.

**Avantages de Pointe-Noire comme port.** — L'inspection des cartes de sondages (pl. II et III) montre, pour Pointe-Noire, les avantages suivants :

1° *Grands fonds voisins de la côte :* mouillage facile pour les bateaux de mer, à une distance raisonnable du rivage ;

2° *En tous temps, les débarquements sont possibles pour les baleinières,* dans la partie abritée par la pointe même, et en temps normal, la barre, qui est insignifiante, permet de débarquer n'importe où dans la baie ;

3° *Établissement facile,* dans le voisinage des factoreries actuelles, *d'un wharf provisoire,* de faible longueur, permettant, dès l'ouverture des travaux, un débarquement intensif des marchandises ;

4° *Possibilité d'établissement d'un grand port* dans le voisinage de la pointe, où les roches sous-marines, qui la prolongent dans la mer, permettraient l'établissement commode d'une digue, au voisinage immédiat des grands fonds ;

5° *Possibilité de donner aux travaux du port une extension aussi restreinte ou aussi étendue qu'on le voudrait,* sans risquer de fausse manœuvre, la disposition de la côte se prêtant à un développement progressif des travaux ;

6° *Emplacement commode* pour l'installation d'une gare maritime, de magasins et d'ateliers.

# V

## NOTE

## SUR LES POPULATIONS DU CONGO

### ENTRE BRAZZAVILLE ET LA MER,

#### PAR M. LE CAPITAINE J. MORNET.

Le problème de la main-d'œuvre est un des plus ardus qui se posent à l'ingénieur qui travaille en pays neuf. On peut dire même que c'est presque le seul.

Devant la multiplicité des travaux modernes il n'y a pas de difficulté technique qui n'ait déjà été résolue quelque part, pas de problème technique dont la solution n'ait déjà été trouvée.

Mais pour la main-d'œuvre il en est autrement. Elle est diverse, ondoyante et variée; chaque pays comporte une solution différente; chaque race a besoin d'être étudiée et comprise, pour permettre d'en tirer un effet utile suffisant.

En examinant la question spéciale qui l'intéresse principalement, mines, chemins de fer, industries diverses, et l'ensemble des questions générales qui doivent préoccuper les Européens, ressources du pays en produits et matériaux de toute sorte, l'ingénieur devra également étudier la population, sa densité, son intellectualité, ses goûts, ses habitudes, ses aptitudes, ses dispositions naturelles à tel ou tel travail, sa répugnance à tel autre.

Le voyageur qui, pour atteindre Brazzaville, la capitale du Congo français, suit l'ancienne route des caravanes, celle même que suivirent, avant la construction du chemin de fer belge, de Brazza et d'autres explorateurs, et ensuite la mission Marchand, traverse, en effectuant ce long parcours d'environ 600 kilomètres, trois zones très différentes d'aspect, de végétation et de population.

C'est d'abord le plateau Loango, vaste savane argileuse, aux ondulations molles, parsemée de quelques marécages et de rares bouquets de bois, coupée de rivières peu nombreuses.

La deuxième zone commence à une cinquantaine de kilomètres de la côte. Elle est formée du massif montagneux du Mayombe, couvert de l'épais manteau de la forêt tropicale. Le sol est tourmenté et rocheux, les rivières, nombreuses. Cette seconde zone s'étend sur une largeur moyenne de 100 kilomètres.

Au delà des montagnes et de la forêt du Mayombe commence la troisième zone. C'est un immense plateau, où d'énormes effondrements se sont produits, donnant naissance aux vallées des rivières principales. Il en résulte que cette zone est formée tantôt de plaines, tantôt de montagnes. Elle est parsemée de bois et de marais, bien arrosée, quoique les rivières y soient moins nombreuses que dans le Mayombe, et elle s'étend jusqu'à Brazzaville. D'abord argileuse à l'ouest, puis calcaire au centre, elle se confond à l'est avec le sablonneux plateau Batéké.

Chacune de ces trois zones a sa population propre, avec ses caractères particuliers. Nous désignerons chacune de ces populations sous les noms de : Loango, Mayombe, populations de l'intérieur, et nous les étudierons successivement.

## LOANGO.

Les Loango peuplent la région comprise entre la mer et la forêt tropicale d'une part, le Niari-Kouilou et la frontière portugaise de l'autre.

Aucun de ceux qui ont été au Congo n'ignore ce qu'est le Loango : partout on le rencontre. C'est qu'en effet depuis longtemps au contact des Européens il a pris l'habitude de s'expatrier pour gagner de l'argent. Il ne craint pas de contracter un engagement de deux, trois ou quatre ans, et de partir pour les pays les plus lointains.

On le rencontre sur toutes les routes du Congo, en longues files de porteurs, sobre et résistant à la fatigue, habitué depuis des générations à ce métier pénible. Il est docile, facile à conduire, habitué à l'obéissance. Souple et intelligent, il sait se plier aux métiers les plus divers, boy, cuisinier, interprète, tailleur ou charpentier, ayant vite fait de s'adapter et d'apprendre la langue des autres races qui l'entourent.

Ce long dressage du Loango, sa docilité et son endurance font qu'il est devenu, dans une grande partie du Congo, un auxiliaire indispensable. Beaucoup de compagnies coloniales viennent recruter à Loango des équipes, destinées à encadrer les travailleurs de leurs concessions mêmes, afin de s'assurer ainsi, au moins en partie, la docilité et la fidélité de ces derniers.

Par exemple, dans le bassin de l'Ogoué, on a affaire à la population pahouine, solide et vigoureuse, mais essentiellement indisciplinée. Les gens du pays, si on les emploie seuls au portage, sauront très bien se mettre en grève au moment où ils croiront leur présence indispensable, et exiger une augmentation de salaire. La présence de quelques équipes de porteurs Loango évite d'être à la merci des indigènes de la localité, en leur montrant qu'on peut se passer d'eux. On retrouve donc largement les frais supplémentaires occasionnés par le recrutement, le payement et le rapatriement d'une main-d'œuvre étrangère.

L'habitude des voyages, la fréquentation des races diverses a donné au Loango une faconde intarissable, une intelligence souple qui, avec la connaissance des mœurs des autres indigènes qu'il fréquente, lui vaut une grande notoriété là où il passe.

Le Loango à qui on confie une charge s'arrête dans les villages qu'il traverse, s'y fait héberger, en trouvant encore le moyen d'être rémunéré pour les divers services qu'il peut rendre à ses hôtes; il règle les *palabres*, confectionne au chef un costume dernier cri, ou lui refait la porte de sa case délabrée, parfois même lui fabrique une table et des chaises. Et pendant ce temps, l'Européen, dans la brousse, attend ses vivres, ses outils ou ses objets d'échange.

Les Loango manient le poison avec une extrême facilité. Plutôt lâches à la guerre, ils empoisonnent quelquefois leur semblable sous le plus futile prétexte. Il sera difficile de les faire renoncer à cette pratique.

L'habitation des Loango est la plus rudimentaire qui se puisse imaginer : une case en bambou, couverte en feuilles. Ces cases sont toutes petites (cela demande moins de travail), la plupart tombent en ruines, leurs propriétaires n'ayant même pas le courage de les reconstruire ou de les réparer; et, comme l'impôt se paye par case, on s'y entasse le plus possible afin de moins payer.

Dans les villages courent poulets, cabris et moutons, qui vivent à peu près en liberté, prenant leur nourriture où ils la trouvent, sans que jamais on s'en occupe.

La femme Loango n'a pas, à beaucoup près, la réputation de sa voisine la Gabonaise. Elle est petite, de forme trapue et massive,

solide sur ses jambes, mais elle a généralement les traits grossiers,
sans finesse. Cependant, la coquetterie aidant, elle n'est pas toujours sans charme, et dans les rues de Loango, l'œil s'arrête
parfois à suivre le dandinement de quelque beauté locale, qui
passe nonchalamment, vêtue d'un pagne aux couleurs éclatantes.

Plus rarement, c'est le cortège d'une « tchikombi » que l'on rencontre. La « tchikombi » est une jeune fille qui vient d'atteindre la
nubilité. Pour fêter cet heureux événement, ses compagnes se réunissent, lui peignent en rouge le corps et le visage, la couvrent
de bijoux des pieds à la tête, et la promènent ainsi parée à travers
la ville. On ne manque pas de faire des stations chez les amis et chez
les notables de l'endroit. Les maisons d'Européens célibataires sont
sûres de recevoir la visite de la « tchikombi », à qui il est d'usage
d'offrir quelques bouteilles de « malafou » (eau-de-vie). Il arrive parfois que la politesse ne s'arrête pas là; mais les mauvaises langues
prétendent que cela est prévu et même escompté par la plupart
des tchikombis.

La femme mariée est, comme toute femme noire, réduite au
rôle d'esclave. Outre les soucis de la maternité, c'est elle qui est
chargée à peu près de tous les travaux extérieurs et intérieurs, des
soins domestiques et de la culture de la terre. L'homme chasse,
pêche, fume sa pipe au soleil, quand il ne court pas le monde.

C'est aussi la femme qui se livre aux quelques industries locales :
fabrication de nattes et de paniers, de poteries grossières.

Chez eux, les Loango sont vêtus assez sommairement : un
morceau d'étoffe autour des reins suffit aux hommes et aux
femmes. Mais aussitôt qu'ils quittent le village, ils revêtent un
vêtement plus somptueux, généralement un pantalon et une sorte
de chemise ample; partout dans la brousse le Loango se reconnaît
à ce qu'il est vêtu, tandis que les porteurs d'autres races ne le
sont pas. Le contact des Européens les a habitués à s'habiller.

Le fond de la nourriture du Loango est le manioc, qui est pour
le noir du Congo ce qu'est le pain pour l'Européen. Il mange, avec
le manioc, du poisson, de la viande, divers légumes assaisonnés
de sauces à base de piment.


## MAYOMBE.

La race Mayombe habite la forêt qui couvre tout le massif montagneux dont elle porte le nom. Elle diffère nettement de la race

Loango, quoique la langue et les mœurs soient sensiblement les mêmes.

A la différence des Loango, les Mayombe sont sédentaires ; ils ne quittent guère leurs forêts que pour aller, à leur compte personnel, jusqu'aux ports voisins de la côte, porter le caoutchouc qu'ils ont récolté, et l'échanger contre des marchandises européennes. C'est quelques jours de marche, tout au plus. Le Mayombe ne consentirait pas, comme le Loango, à s'engager pour aller travailler au loin.

Le Mayombe est grand, fort, bien musclé ; chez lui, il travaille suffisamment pour s'assurer, autour des villages, de belles plantations qui lui permettent de manger à sa faim ; il ne compte pas, comme le Loango, pour vivre, sur les salaires apportés de l'extérieur par ceux qui s'expatrient. Outre le manioc, la banane et le maïs lui fournissent une nourriture abondante.

Si le Mayombe est moins « civilisé » que le Loango, il est en revanche plus fin, plus intelligent, plus artiste. Il confectionne, à l'aide d'outils grossiers, des statuettes en bois qui dénotent un sens d'observation très prononcé, et qui représentent des hommes, des femmes, des animaux, des scènes de la vie familière. L'expression en est souvent vivante et fort curieuse ; les gestes habituels des indigènes y sont reproduits avec une fidélité remarquable. (Pl. IX.)

Chez le Mayombe, l'alcool n'a encore que très peu pénétré ; mais là, comme dans presque toute l'Afrique, existe le poison, dont il fait cependant un moins grand usage que le Loango.

Les habitations sont plus vastes et plus confortables que celles de la région de Loango. Le toit, qui couvre la partie fermée de l'habitation, est généralement prolongé en avant, et forme une sorte de véranda ouverte, spacieuse, fort agréable, pour abriter du soleil ou de la pluie, tout en prenant l'air.

Les femmes ressemblent, par la taille et l'aspect extérieur, à celles de Loango. Chez le Mayombe aussi existe la coutume de la « tchikombi » ; mais la jeune fille, au lieu d'être promenée dans les villages, reste chez elle. Elle habite une case spéciale, un peu à l'écart, où elle vit, comme les rois fainéants, dans cet état idéal des noirs qui est le « farniente ». On lui apporte même ses repas ; elle n'a qu'à rester assise devant sa porte, où elle est l'objet de la contemplation des voisins et amis qui lui apportent des cadeaux. Généralement aussi elle a un fiancé qui, de temps en temps, vient la distraire et lui faire sa cour; et cela dure parfois plusieurs mois, au bout desquels les jeunes gens se marient. Le beau temps de la « tchikombi » est alors fini; tout le reste de sa vie elle peinera et travaillera pour son seigneur et maître.

Les femmes Mayombe confectionnent des nattes, aux dessins variés, parfois fort jolis. Comme leurs maris, elles ont un certain sens artistique.

Le vêtement est aussi très sommaire : encore un morceau d'étoffe autour des reins. Les cotonnades sont cependant en grande quantité dans les villages, mais on n'en use guère; elles restent enfermées dans les cases et servent le plus souvent de monnaie, l'argent monnayé étant connu et accepté partout, mais très rare.

## POPULATIONS DE L'INTÉRIEUR.

Depuis la forêt du Mayombe jusqu'à Brazzaville, on rencontre un grand nombre de tribus, Bacougni, Bassoundi, Bakhamba, Badondo, Babembé, Bacongo, etc., présentant entre elles de nombreux caractères communs.

Sur le versant oriental du Mayombe, les Bassoundi se rapprochent des Mayombe, les villages sont vastes et bien peuplés, les cultures prospères. Les indigènes consentent à sortir de leur village. Beaucoup ont été jusqu'à la mer.

Ils ont un culte spécial pour les morts. Les tombes sont apparentes et dispersées le long des chemins; elles sont ornées de faïences grossières, achetées chez les Portugais, dont la frontière est tout proche. Celles des chefs sont presque luxueuses : ce sont de véritables cases, que l'on tend à l'intérieur d'étoffes et que l'on remplit d'ornements variés.

À l'est de la rivière Loudima, au contraire, et jusqu'à Brazzaville, les populations sont les plus inférieures qu'il soit possible de voir en Afrique. Elles vivent dans de misérables villages, dont la plupart des cases tombent en ruine; elles font des cultures tout juste suffisantes pour leur permettre de ne pas mourir de faim.

Indifférentes, d'une apathie incoercible, il n'y a à peu près rien à en tirer; ce n'est qu'avec les plus grandes peines qu'on arrive à obtenir d'elles quelques vivres ou des porteurs.

D'ailleurs elles se dérobent le plus possible au contact de l'Européen. Les habitants de la plaine, quand ils ne s'enfuient pas, le laissent passer, indifférents et inertes, ne cherchant même pas à en tirer profit par la vente de vivres. Ceux de la montagne, plus braves, et se sentant protégés par les difficultés d'accès de leur pays, arrêtent souvent l'intrus les armes à la main.

Cela est dû d'ailleurs en très grande partie à l'impôt et surtout aux excès de portage qu'on leur a demandés ; car ces populations ont fourni un nombre considérable de porteurs, au temps du gouvernement de de Brazza, avant la construction du chemin de fer belge ; elles ont laissé sur la route des caravanes un grand nombre d'entre eux, et c'est ce qui a fait déserter par les indigènes cette route autrefois si peuplée qu'on pouvait y recruter chaque mois des milliers de porteurs.

Dans cette région, nulle industrie, nul commerce ; un peu de caoutchouc seulement, récolté çà et là. Dans les grandes plaines du Niari et de la Loudima l'élevage serait facile. Quelques rares moutons, cabris et poulets errent seulement autour des villages, jamais soignés.

Les indigènes ne vont pas tout à fait nus, mais peu s'en faut ; un lambeau d'étoffe autour des reins constitue ici encore tout leur vêtement.

Les femmes sont particulièrement laides ; c'est au point que mon cuisinier Loango faisait un jour, devant moi, cette réflexion : « Moi toucher aux femmes de ce pays-ci, jamais ! Y a trop laid ! Y a trop sale ! »

Je n'ai jamais rien vu d'aussi repoussant qu'une femme en « vêtement » de deuil, comme on en voit parfois sur les marchés ou dans les villages. Là-bas, comme ici, le deuil se porte en noir ; mais comme les étoffes noires n'existent pas, c'est leur corps que les femmes recouvrent d'un enduit, composé de charbon pilé, mélangé à de l'huile de palme. Depuis les cheveux jusqu'aux pieds, cette sorte de cirage leur fait une peau noire, grasse et luisante dont l'odeur est aussi désagréable que la vue.

## RÉSUMÉ ET CONCLUSION.

Nos colonies d'Afrique paraissent avoir terminé la période de l'exploration et de la conquête et être entrées dans celle de la « mise en valeur ». Pour « mettre en valeur » un pays, il faut étudier ses ressources, et en particulier la plus précieuse, la plus indispensable, l'homme.

Les populations de ce pays sont-elles utilisables? et comment?

Nous n'hésiterons pas, pour le Congo, à répondre par l'affirmative. Nous croyons qu'en Afrique il n'y a pas de race qui ne soit utilisable, à condition qu'on sache et qu'on veuille l'utiliser.

Certaines expériences faites en Afrique occidentale semblent prouver le contraire. Mais les échecs subis sont-ils dus à ce que l'expérience ne pouvait pas réussir, ou bien à ce que l'expérience a été mal faite? Nous pensons qu'elle a été mal faite : on a voulu que, du jour au lendemain, l'indigène s'adapte exactement à *notre* manière de faire, sans que l'on ait fait l'effort nécessaire pour comprendre *sa* propre manière, sans chercher à utiliser au mieux ses instincts et ses qualités naturelles.

En ce qui concerne, en particulier, les grands travaux publics, on devra toujours tenter d'utiliser les populations des pays dans lesquels se feront ces travaux. Il ne faudrait point cependant croire que la main-d'œuvre locale pourra suffire; nous disons seulement que la main-d'œuvre locale sera toujours utilisable. Dans des pays aussi neufs que le Congo, aussi peu disciplinés et instruits, on aura toujours besoin, au moins au début, d'une certaine proportion de main-d'œuvre étrangère, souple et entraînée; mais à chaque race locale avec laquelle on aura affaire, on pourra trouver un genre d'occupation répondant à ses aptitudes particulières et permettant de l'utiliser dans de bonnes conditions.

On pourrait citer telle race déclarée, après épreuve, inapte à tout travail, et qu'on avait peu à peu écartée des chantiers, se privant ainsi d'une ressource précieuse, pendant qu'un simple sous-officier, conduisant un chantier composé d'hommes de la même race, en avait obtenu un meilleur rendement; et cela simplement parce qu'il avait su l'organiser selon ses goûts propres et la conduire avec la méthode qui pouvait convenir.

Un autre exemple est celui de la race Krouman, qui habite la partie occidentale de la Côte d'Ivoire. Les Krouman sont essentiellement des marins, merveilleusement doués. Ils sont aujourd'hui les auxiliaires indispensables des bateaux qui fréquentent la côte occidentale d'Afrique. Mais, si on les éloigne de la mer, si on les fait travailler à l'intérieur des terres, ils ne produisent plus rien de bon.

Pour la mise en valeur de pays neufs, comme le Congo, on peut dire que les grands travaux publics sont une nécessité absolue. En dehors de l'intérêt humanitaire qu'ils présentent au point de vue de la suppression du portage, de leur intérêt propre et purement technique, on peut dire que leur utilité est double :

1° Ils sont l'outillage préalable nécessaire à toute entreprise commerciale et industrielle;

2° C'est le coup de fouet indispensable pour réveiller ces races endormies, nécessaire pour les dresser au travail, qui est la condition de tout progrès et de toute civilisation.

Lorsqu'on se sera enfin décidé à entreprendre au Congo ces grands travaux, qui sont une condition de vie ou de mort pour la colonie; quand on commencera à poser le rail français de la mer à Brazzaville, les populations que nous venons d'étudier, et sur les territoires desquelles se feront ces travaux, devront et pourront, comme les autres, être utilisées. Leur éducation industrielle sera seulement une affaire de temps, de patience et d'habileté. Alors qu'une route de portage fait le vide le long de son parcours, la voie ferrée, au contraire, appelle les populations et crée la vie, donnant aux régions qu'elle traverse le maximum d'essor.

# VI

## NOTE

### SUR

### LES COLLECTIONS D'HISTOIRE NATURELLE

### RECUEILLIES AU CONGO FRANÇAIS,

#### PAR MADAME J.-MARC BEL,

##### CORRESPONDANT DU MUSÉUM, MEMBRE DE LA MISSION.

Outre des échantillons géologiques et minéralogiques prélevés dans toutes les régions parcourues, les collections recueillies comprenaient près de 300 spécimens des règnes animal et végétal.

Un plus grand nombre aurait pu être rapporté, sans un fâcheux incendie, survenu au milieu du voyage, et qui en détruisit la première moitié. Néanmoins, celles qui ont ainsi pu être réunies furent encore assez nombreuses. Elles ont été transmises par le Ministère de l'Instruction publique au Muséum d'Histoire naturelle, qui les a réparties entre les services suivants : CULTURE, MALACOLOGIE, ENTOMOLOGIE, ZOOLOGIE, et ANATOMIE COMPARÉE.

## I. BOTANIQUE.

La Mission a rapporté treize espèces de plantes vivantes (orchidées, fougères, palmiers), des graines diverses, etc., qui ont fait l'objet d'un premier examen de M. le professeur Costantin, du service de la Culture.

Parmi les orchidées vivantes, provenant de la grande forêt équatoriale du Mayombe et du Gabon, il y a actuellement en culture dans les serres, et dont les espèces restent à déterminer : 2 pl. *Angræcum*, 1 *Bulbophyllum*, 1 *Megaclinium*, 1 *Polypode rampant*; ainsi que 4 bulbes de *Crinum*, 2 bulbes de *Liliacée* ou d'*Amaryllidée*, *Eugenia uniflora*, *Cæsalpina pulcherrima*, *Canna*, 1 *Palisota*, arrivées en graines qui ont germé.

Les autres plantes provenant des mêmes régions, et arrivées malheureusement en mauvais état, étaient : 5 troncs de *Fougères*, 2 pieds de *Palmiers à tige épineuse*, 1 *Costus*, 2 touffes d'*Orchidées*, 2 touffes d'*Aroïdées*, 1 touffe d'*Asplenium*.

Il y avait en outre diverses espèces de haricots : *Bacongo* (nain, peu productif, végétation moyenne), *Bakhamba* (demi-nain, assez productif), *Bacougni* (nain, le plus productif des trois).

Suivant M. Bois, du Muséum, ce haricot appartiendrait certainement à une variété des jardins d'Europe, introduite au Congo, et ne paraît pas se distinguer du *haricot zébré gris*.

Pourtant, nous devons faire observer que la plupart de ces haricots appartiennent à des espèces arborescentes, de haute taille, et *non grimpantes*, comme sont les haricots d'Europe.

Durant le mois de novembre, c'est-à-dire en période pluvieuse, nous avons recueilli, entre Loudima et la forêt du Mayombe, de nombreux champignons comestibles, à très longue tige, ayant jusqu'à o m. 70 de longueur, qui ont servi souvent à compléter le menu de nos repas, et dont des exemplaires, conservés dans l'alcool, ont été remis au service de Botanique cryptogamique.

L'asperge et l'ananas sauvages abondent au Congo, et c'est une autre friandise à ajouter à la liste des plantes alimentaires de ce pays : *manioc, arachides, bananiers,* etc.

Le caoutchouc d'herbe est activement exploité dans la région de Brazzaville. On sait que c'est la racine d'une petite plante à fleur blanche dont l'odeur rappelle celle du jasmin.

Le papyrus prospère et abonde dans toute la région littorale et à l'intérieur.

Enfin, les essences forestières de la grande forêt équatoriale font déjà, dans les régions littorales et fluviales, l'objet d'un commerce qui se chiffre par plusieurs dizaines de mille tonnes de bois d'exportation : *Okoumé, ébène,* etc., destinés à des consommateurs européens, et surtout américains.

## II. ZOOLOGIE.

### A. MALACOLOGIE.

M. Louis Germain, assistant au Muséum, a fait une étude spéciale des coquilles recueillies, parmi lesquelles il a rencontré un

*Pseudotrochus.* C'est la première fois qu'une espèce de ce genre, d'ailleurs nouvelle, est signalée au Congo. Il l'a désignée sous le nom de *Pseudotrochus Beli* Germain nov. sp., et il en a publié la description et la figure dans le *Bull. du Muséum d'Histoire naturelle*, 1908, n° 1, p. 53, sous le titre : « Contribution à la Faune malacologique de l'Afrique équatoriale; — Sur un *Pseudotrochus nouveau du Congo*. »

M. Germain dit notamment : « Cette coquille ne peut se rapprocher que du *Pseudotrochus auripigmentum* Reeve, dont elle ne se sépare que par de nombreux caractères et notamment par sa forme générale plus régulièrement pyramidale; par ses tours beaucoup moins convexes; par son dernier tour relativement plus développé en hauteur; par son ouverture bien plus régulièrement ovalaire, *égalant la demi-hauteur* (elle est toujours beaucoup moins haute chez le *Pseudotrochus auripigmentum*); par sa columelle *bien plus nettement tronquée à la base* (la columelle du *Pseudotrochus auripigmentum est étroite, droite, à peine tronquée*); par son test beaucoup plus nettement granulé; enfin par sa décoration picturale différente : le *Pseudotrochus Beli* est, de toutes les espèces de ce genre, celle qui présente la sculpture la plus accentuée. »

Avec cette espèce nouvelle, la Mission a recueilli quelques Mollusques déjà connus, mais qui sont d'un grand intérêt au point de vue zoogéographique. J'en donne ci-dessous la liste complète accompagnée d'une courte synonymie, d'après les observations et les déterminations qu'a bien voulu en faire M. Germain.

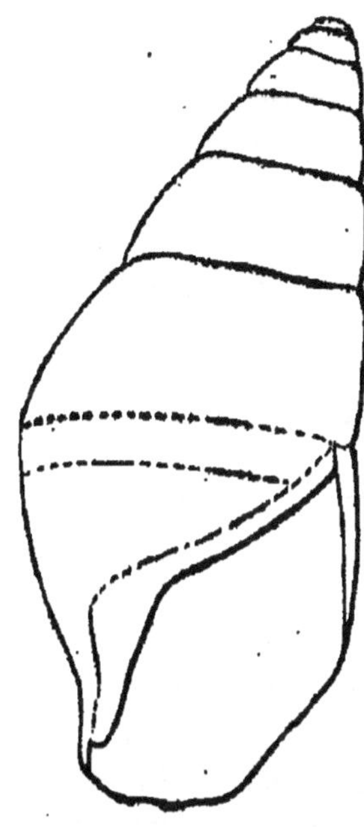

Fig. 1.

*Pseudotrochus Beli* Germain.
Grandeur naturelle.

ACHATINA (PERACHATINA) WELWITSCHI Morelet.

1866 *Achatina Welwitschi* Morelet, *Journal de Conchyliol.*; XIV, p. 156.
1868 *Achatina Welwitschi* Morelet, *Mollusques Voyage Welwitsch*; p. 66, n° 26, t. V, fig. 2.
1904 *Achatina Welwitschi* Pilsbry *in* Tryon, *Manual of Conchol.*; 2ᵉ série, Pulmon.; t. XVII, p. 17, n° 11, pl. II, fig. 10.

Les deux exemplaires recueillis sont bien typiques, mais décolorés. M. Germain dit qu'il est intéressant de retrouver cette espèce au Congo; elle n'était jusqu'ici connue que des territoires de l'Angola.

### *ACHATINA* (*PERACHATINA*) *BANDEIRANA* Morelet.

1866 *Achatina Bandeirana* Morelet, *Journal de Conchyl.;* t. XIV, p. 156.

1868 *Achatina Bandeirana* Morelet, *Mollusques Voyage Welwitsch;* p. 67, n° 27, t. VI, fig. 1.

1891 *Achatina Bandeirana* Dautzenberg, *Bullet. Acad. roy. sciences Belgique;* 3ᵉ série, t. XX, p. 567.

1904 *Achatina Bandeirana* Pilsbry *in* Tryon, *Manual of Conchol.;* 2ᵉ série, Pulmon.; t. XVII, p. 19, n° 13, pl. III, fig. 20-21.

M. Ph. Dautzenberg a déjà signalé l'existence de cette belle espèce dans le bassin du Congo, où elle a été recueillie par M. E. Dupont entre Matadi et Loukoungou.

M. Germain ajoute que les exemplaires sont beaucoup plus grands que le type décrit par Morelet, puisqu'ils atteignent 160 millimètres de longueur et 77 millimètres de diamètre. Ceux recueillis par nous rentrent mieux dans les dimensions du type original. Ils mesurent en effet : hauteur, 95 millimètres; diamètre maximum, 49 millimètres; diamètre minimum, 41 millimètres; hauteur de l'ouverture, 49 millimètres; diamètre de l'ouverture, 25 millimètres.

### *ACHATINA BALTEATA* Reeve.

1849 (février) *Achatina balteata* Reeve, *Conch. Icon.;* t. V, pl. II, fig. 7.

1851 (février) *Achatina balteata* Ferussac et Deshayes, *Hist. gén. et partic. Mollusques;* t. II, p. 164, pl. CXXXII, fig. 3-5.

1904 *Achatina balteata* Pilsbry *in* Tryon, *Manual of Conchol.;* 2ᵉ série, Pulmon.; t. XVII, p. 30, n° 29, pl. IV, fig. 27.

Espèce de grande taille, commune dans le bassin du Congo et dont l'aire de dispersion est considérable. Elle s'étend, en effet, depuis la Gambie jusqu'à Benguella, suivant M. Germain.

### *ACHATINA* (*ARCHACHATINA*) *MARGINATA* Swainson.

1821 *Achatina marginata* Swainson, *Zoological Illustr.;* t. I, pl. XXX.

1850 *Achatina marginata* Pfeiffer, Gatt. Achatina *in* Martini et Chemnitz, *System. Conch. Cabinet;* p. 328, Taf. XXIX, fig. 1.

1896 *Achatina marginata* d'Ailly, *Mollusques terr. eau douce Kameroun,* p. 61, 69.

1904 *Archachatina marginata* Pilsbry *in* Tryon, *Manual of Conchology;* 2ᵉ série, Pulmon.; XVII, p. 109, nᵒ 2, pl. XXIV, fig. 22-23 et pl. XXV, fig. 26.

« Comme la précédente, dit M. Germain, cette espèce est commune dans beaucoup de régions de l'Ouest Africain. On la connaît notamment de la Guinée, des rives du Niger, du Gabon, du Dahomey, du Cameroun, du Loango et, grâce aux récoltes de Mᵐᵉ Bel, du bassin du Niari. » M. Germain l'a également signalée des bords du Gribingui, où elle avait été recueillie par M. Foureau. M. le capitaine Fourneau a récolté, sur les rives de la rivière Mawisch (Gabon), une très belle variété à test mince que je décrirai prochainement sous le nom d'*Achatina marginata* Sw. var. **Fourneaui** Germain, nov. var.

### POTAMIDES (TYMPANOTOMUS) RADULA Linné.

1767 *Murex radula* Linné, *Syst. Natur.,* Ed. XII, p. 1226.

1774 *Nerita aculeata* Müller, *Verm. terr. fluv. hist.;* t. II, p. 193, nᵒ 380.

1843 *Cerithium radula* de Lamarck, *Hist. nat. anim. sans vertèbres,* Ed. II, (par Deshayes); t. IX, p. 293, nᵒ 14.

1887 *Potamides (Tympanotonos) radula* Tryon, *Manual of Conchology;* t. IX, p. 159, pl. XXI, fig. 35-36.

1896 *Potamides (Tympanotonos) radula* d'Ailly, *Mollusques terr. eau douce Kameroun;* p. 121.

« Espèce bien connue, dit M. Germain; abondante dans toutes les lagunes saumâtres de la côte occidentale d'Afrique. »

### B. Entomologie.

M. le professeur Bouvier, dans une note qu'il nous a remise le 1ᵉʳ mai 1908, dit que la collection d'animaux articulés provenant de notre Mission n'a pas encore été complètement étudiée, mais que tous les matériaux qu'elle renferme sont préparés, de sorte qu'il est facile d'en donner le catalogue. Elle comprend :

| | INDIVIDUS | ESPÈCES |
|---|---|---|
| 1ᵒ Dans le groupe des *Arachnides* | 9 | 9 |
| 2ᵒ Dans le groupe des *Crustacés* | 3 | 1 |
| 3ᵒ Dans le groupe des *Myriapodes* | 6 | 6 |
| 4ᵒ Dans le groupe des *Insectes* | 66 | 26 |
| Totaux | 84 | 42 |

**ARACHNIDES.** — Les arachnides se composent : du grand scorpion noir de l'Afrique tropicale, le *Pandinus imperator* C. L. Koch, représenté par deux exemplaires, l'un de M'Boko Songo (Congo), l'autre de Kango (bassin du Como, Gabon) ; d'un exemplaire d'*Argiope flavipalpis* Lucas, pris entre M'Boko Songo et Loudima ; d'un exemplaire du genre *Thalassius*, de même provenance ; d'une belle *Gasteracantha curvicauda* Guérini ; d'un *Lycoside* ; d'une *Oxyope*, et d'une jeune *Épeire*.

**CRUSTACÉS.** — Les crustacés sont exclusivement représentés par un *Posamonide* ou *crabe* d'eau douce, le *Posamonautes Aubryi* Edwards, dont trois spécimens furent pris à terre, dans la forêt du Mayombe.

**MYRIAPODES.** — Aucun spécialiste n'ayant encore examiné les Myriapodes, M. Bouvier s'est borné à nous faire connaître que ces animaux sont représentés par : 2 *Spirobolidés*, pris dans la forêt du Mayombe (Congo) ; 1 *Polydesmus*, de même provenance ; 1 *Platydesmus*, du Haut Como (Gabon) ; 1 *Scutigère* des environs de Comba.

**INSECTES.** — Les insectes, au nombre de 180 individus, se composent surtout d'*Orthoptères* : 1 *Pyrgomorphide*, 1 *Aeridéide*, 2 *Locustides*.

Ils comprennent en outre : 2 *Odonates* ou *Libellules* ; 27 spécimens de la *Glossinia palpalis* R. D., qui est, comme on le sait, l'agent de transport du microbe de la maladie du sommeil (*Trypanosoma gambiense* Dutton), et de 43 papillons *Hypolima*, *Euryphène*, *Charaxes*, etc.

### C. HERPÉTOLOGIE.

Une très jeune et très intéressante tortue vivante a été déterminée sous le nom de *Cinixys erosa* Schweigger. Elle a été recueillie dans l'intérieur du Gabon, près de Kango, au confluent du Como et du Bokoué.

« Le caractère générique de la mobilité de la dossière, dit M. le professeur Vaillant, qui a reçu cette tortue dans son service, ne peut qu'être difficilement constaté, et l'ornementation de la carapace est si différente de ce qu'elle est chez l'adulte, qu'au premier abord on peut être trompé sur les affinités de cet animal. Intéres-

sant exemplaire qui pesait 30 grammes, à son arrivée à la ména-
gerie le 22 mars 1907 : il a augmenté de 10 grammes en très peu
plus d'un an (13 avril 1908). »

M. le professeur Vaillant a pu déterminer les espèces suivantes
parmi les échantillons de reptiles rapportés dans l'alcool : *Boœdon
quadrilineatus* D. B.; *Psammophis subtœniatus* Peters; *Leptodira
hotamboeia* Laur; *Dendraspis Jamesoni* Traill; *Causus Lichtenstieni*
Jan.; *Causus rhombeatus* Lichtenstein; *Boœdon olivaceus* A. Dum.

### D. Oiseaux.

Parmi nos envois figure un nid de passereau de la famille des
*Ploceidae*, remarquablement ouvragé, formant une sorte de tube
en crosse, dont l'extrémité recourbée, soigneusement redoublée,
constitue le nid proprement dit, et le tube, la voie d'accès, met-
tant ainsi les petits à l'abri des serpents. Ce nid provient du Gabon. Il est constitué par une véritable dentelle, tressée d'herbes,
et ne mesurant pas moins de 0 m. 50 de hauteur à 0 m. 25 de
largeur en moyenne.

Nous avions rapporté en outre un certain nombre de dépouilles
d'oiseaux; mais nous n'avons pu les remettre au Muséum, leur pré-
paration non arsenicale n'ayant pas été jugée suffisante pour leur
préservation.

### E. Mammifères.

Nous avons rapporté trois échantillons de mammifères dans
l'alcool :

1° Un chiroptère, provenant de Brazzaville, déterminé par
M. le professeur Trouessart sous le nom de *Vespertilio nanus* Peters ;

2° Un petit rongeur, recueilli sur la rivière M'Bei, affluent du
Como, au Gabon, déterminé sous le nom de *Graphiurus murinus*
Desmarets, que nous avions ramené vivant et tout à fait apprivoisé,
mais qui est mort aux approches de l'Europe;

3° Un lémurien, provenant de Kango, au Gabon; déterminé
sous le nom de *Galago Demidoffi* Fischer (pullus).

On sait que le pays renferme : le léopard, l'hippopotame, le
bœuf sauvage, l'antilope, etc., mais l'éléphant ne se trouve qu'au
delà des bassins du Niari et du Como.

Enfin nous avons fait remettre au laboratoire d'anatomie comparée deux crânes de gorilles (101-♂ et 102-♀) qui présenteraient de l'intérêt pour les collections, en raison des comparaisons auxquelles ils peuvent donner lieu.

### III. ARCHÉOLOGIE.

Nous avons recueilli, sur les hauteurs de la région de M'Boko Songo, une hache en pierre taillée, de grès calcaire, assez tendre, polie au tranchant, ayant o m. 140 de longueur, o m. 077 de largeur au centre, o m. 040 au tranchant, o m. 032 d'épaisseur.

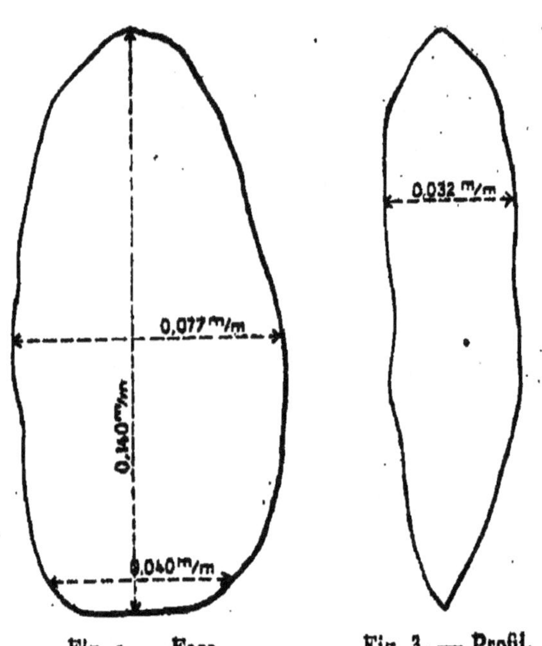


Fig. 2. — Face.          Fig. 3. — Profil.

Hache en grès trouvée sur les hauteurs de la rive gauche de la Haute N'Kenké (bassin du Niari), Congo français.

Les indigènes se sont livrés à la métallurgie du fer, du cuivre et du plomb, depuis une époque probablement très reculée jusqu'à nos jours, à en juger par le nombre de scories et de fragments de tuyères qu'on rencontre fréquemment sur le sol.

Ils fabriquent des sculptures en bois quelquefois décorées de motifs en cuivre rouge et dont ils font des fétiches. (Voir pl. VIII et IX.)

# TABLE DES MATIÈRES.



## CARTES ET CROQUIS.

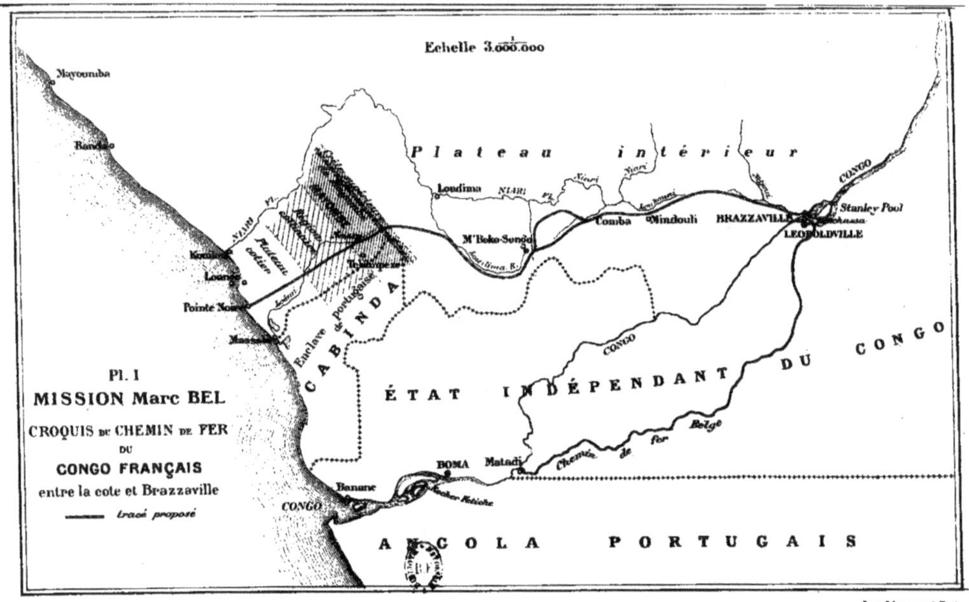

Echelle 3.000.000
Mayoumba
Banda
Plateau intérieur
Loudima
NIARI
Niari
Niari
CONGO
Stanley Pool
Komba
Mindouli
BRAZZAVILLE
Kinchassa
M'Boko-Songo
LEOPOLDVILLE
Kouilou
Loango
Plateau
côtier
Pl.
Pointe Noire
Enclave de portugaise
CABINDA
CONGO
ÉTAT INDÉPENDANT DU CONGO
Massabi
Pl. I
MISSION Marc BEL
CROQUIS du CHEMIN de FER
DU
CONGO FRANÇAIS
entre la côte et Brazzaville
tracé proposé
Chemin de fer Belge
BOMA
Matadi
Banane
CONGO
ANGOLA PORTUGAIS

Itinéraire de Mr Bel
Itinéraire de Mr le Capne J. Mornet
Echelle = 1/1.750.000
10  0  20  40  60  80
KILOMÈTRES

MISSION J. MARC BEL AU CONGO FRANÇAIS
Juin 1906 - Juillet 1907
Bassins du Niari-Kouilou et du Bas-Congo
PROJET D'UN CHEMIN DE FER
de Brazzaville à l'Océan

GABON
NGONGO
NOUMBI
Macabana
NIARI
LOUVAKOU
LOUBONO
BACOUGNI
YEN CONGO
BOUENZA
NIARI
DJOUÉ
BATÉKÉ
Kakamoeka
Mvouti
Sanga
Loudima
Kaye
Madingou
Bouenza
Mimbedi
Comba
LOUCOUNI
MEZIA
Macabendilou
Brazzaville
STANLEY POOL
Kitende
Nzesse
Kikoudji
Kimongo
LOEMÉ
LOUANGA
BADONDO
Mindouli
Mbamou
Kinchassa
Léopoldville
FOULAKARI
BACONGO
CONGO
INKISSI
Koutlou
Koulama
Vista
Loango
Pointe Indienne
OCÉAN ATLANTIQUE
LOEMÉ
Tchimpézé
Doungou
BASOUNDI
Anouama
CABINDA
TCHILOANGO
Landana
LOUCOULOU
ÉTAT INDÉPENDANT
Manyanga
DU CONGO
Thysville
Profil des Fractures
Akouimba
Mindouli
CH. DE FER VICINAL DU MAYOMBE
Kibenga
Issanguila
Cabinda
Boma
Vivi
Mahadi
CHEMIN DE FER
Plaine Yongola
Banana
CONGO
Noki
Congo
Banyan
S. Antonio
Ile Mateba
ANGOLA
Océan
Plissements de la Chaîne du Mayombe

Légende
Projet de chemin de fer
Zone des Permis miniers
Limite de la grande forêt
Direction des Plissements
Direction des Fractures
Frontières

PUBLIÉE PAR LA SOCIÉTÉ DE GÉOGRAPHIE, DE PARIS.
J.H.

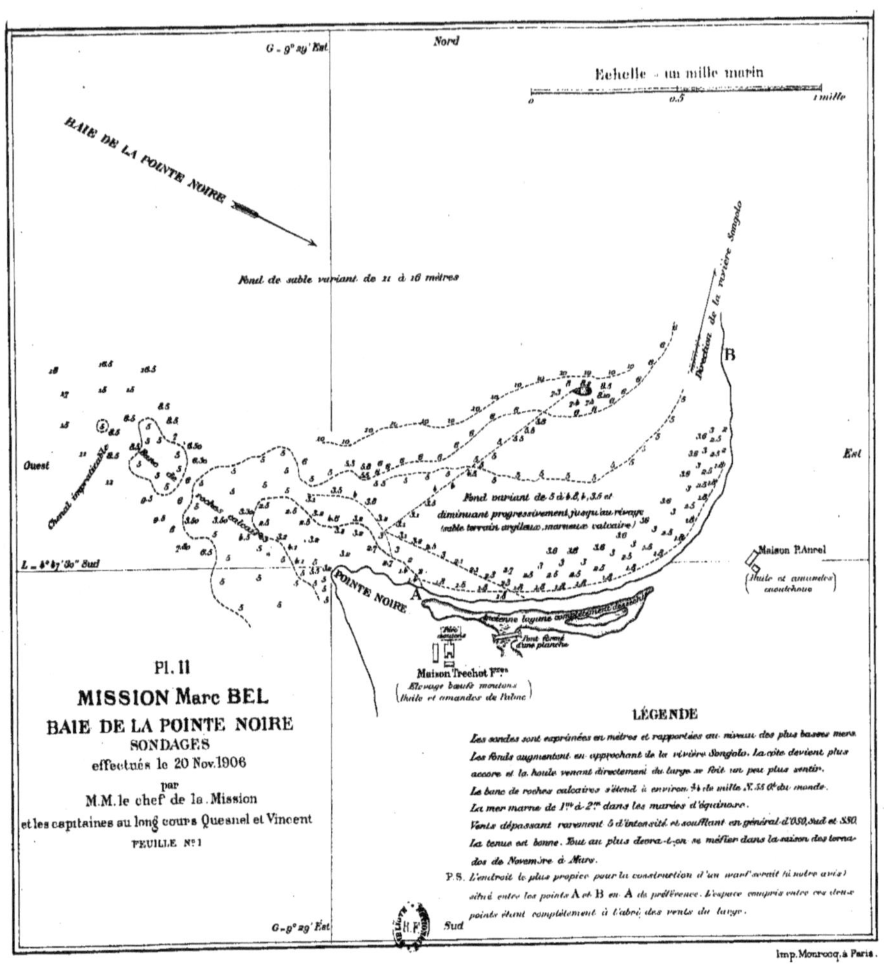

G. 9° 29' Est
Nord
Echelle — un mille marin
0    0.5    1 mille
BAIE DE LA POINTE NOIRE
Fond de sable variant de 11 à 16 mètres
Direction de la rivière Songolo
B
Ouest
Est
Chenal impraticable
L. 4° 47' 30" Sud
Fond variant de 5 à 4.5, 3.5 et
diminuant progressivement jusqu'au rivage
(sable terrain argileux, marneux, calcaire)
Maison P.Ancel
(huile et amandes
caoutchouc)
POINTE NOIRE
A
Ancienne lagune complètement desséchée
Pont formé
d'une planche
Maison Trechot Frères
( Elevage boeufs moutons )
( huile et amandes du Palme )
Pl. 11
MISSION Marc BEL
BAIE DE LA POINTE NOIRE
SONDAGES
effectués le 20 Nov.1906
par
M.M. le chef de la Mission
et les capitaines au long cours Quesnel et Vincent
FEUILLE N° 1
LÉGENDE
Les sondes sont exprimées en mètres et rapportées au niveau des plus basses mers.
Les fonds augmentent en approchant de la rivière Songolo. La côte devient plus
accore et la houle venant directement du large se fait un peu plus sentir.
Le banc de roches calcaires s'étend à environ 3/4 de mille N.55.Gr. du monde.
La mer marne de 1m à 2m dans les marées d'équinoxe.
Vents dépassant rarement 5 d'intensité et soufflant en général d'OSO, Sud et SSO.
La tenue est bonne. Tout au plus devra-t-on se méfier dans la saison des torna-
dos de Novembre à Mars.
P.S. L'endroit le plus propice pour la construction d'un warf serait (à notre avis)
situé entre les points A et B en A de préférence. L'espace compris entre ces deux
points étant complètement à l'abri des vents du large.
G. 9° 29' Est
Sud
Imp. Monrocq, à Paris.

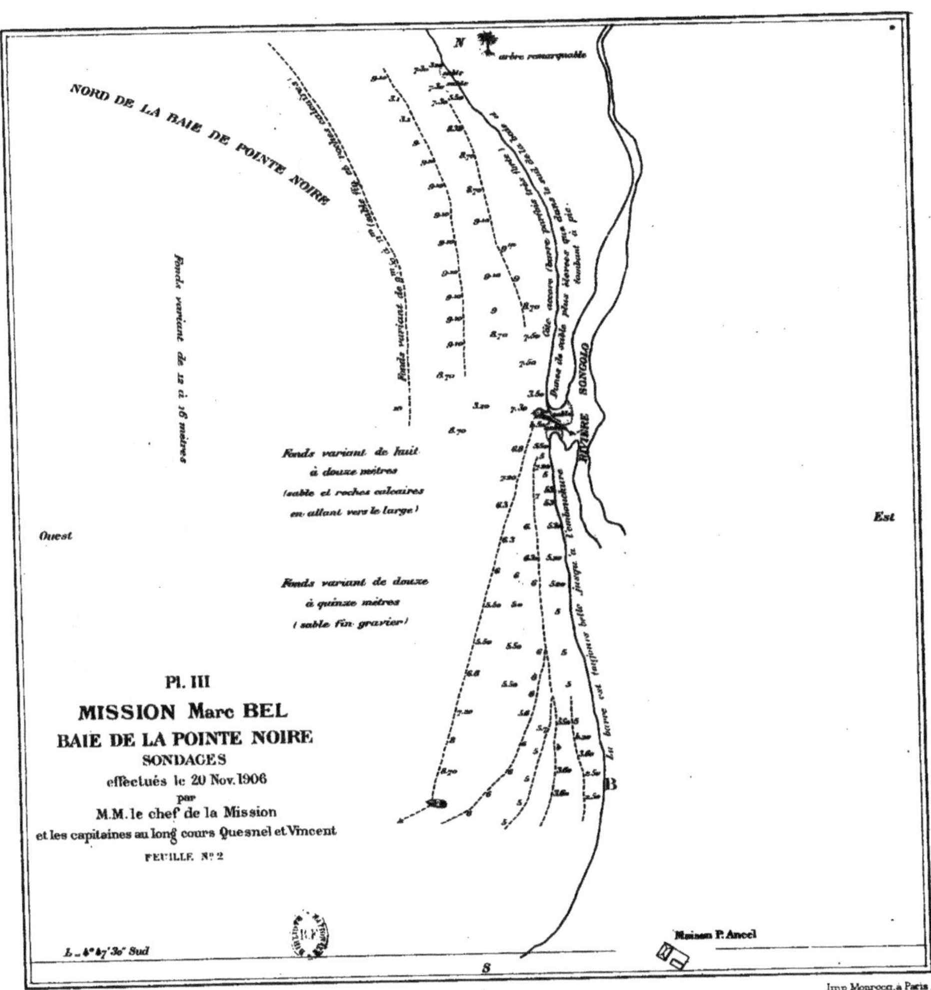

NORD DE LA BAIE DE POINTE NOIRE
Ouest
Est
N
S
arbre remarquable
RIVIÈRE NGONGOLO
Fonds variant de 12 à 16 mètres
Fonds variant de huit
à douze mètres
(sable et roches calcaires
en allant vers le large)
Fonds variant de douze
à quinze mètres
(sable fin gravier)
Pl. III
MISSION Marc BEL
BAIE DE LA POINTE NOIRE
SONDAGES
effectués le 20 Nov. 1906
par
M.M. le chef de la Mission
et les capitaines au long cours Quesnel et Vincent
FEUILLE N° 2
L = 4° 47' 30" Sud
Maison P. Ancel
Imp Monrocq, à Paris.

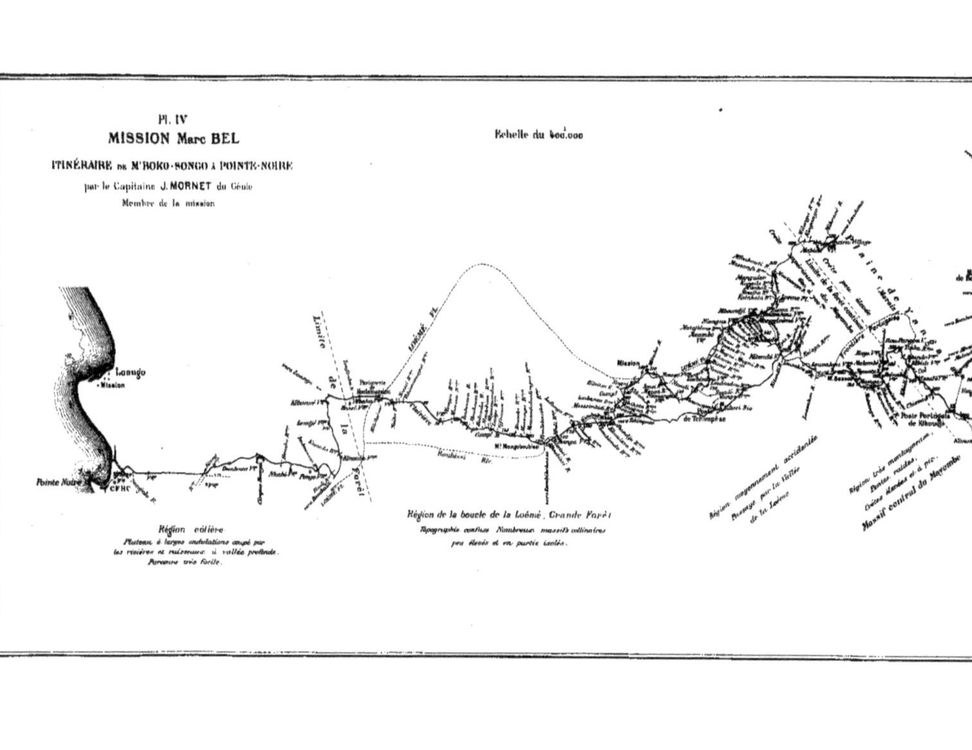
Pl. IV
MISSION Marc BEL
ITINÉRAIRE DE M'BOKO-SONGO À POINTE-NOIRE
par le Capitaine J. MORNET du Génie
Membre de la mission
Echelle du 400.000
Loango
Mission
Pointe Noire
CFHC
Limite de la Forêt
LOÉMÉ Fl.
Mission
Région côtière
Plateau à larges ondulations coupé par
les rivières et ruisseaux à vallée profonde.
Parcours très facile.
Région de la boucle de la Loémé, Grande Forêt
Topographie confuse Nombreux massifs collinaires
peu élevés et en partie isolés.
Massif central du Mayombe

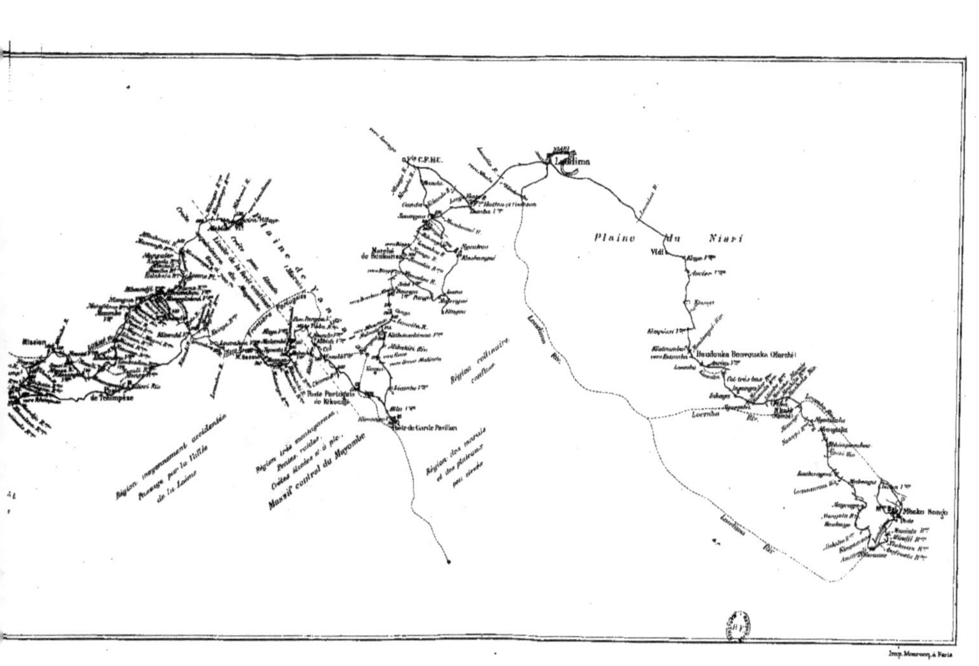

Plaine du Niari
Région collinaire confluse
Région inégalement accidentée Parcourue par la Vallée de la Louise
Région très montagneuse Pentes roides Crêtes étroites et à pic Massif central du Mayombe
Région des marais et des plateaux peu élevés
Mission
de Tchimpèse
Poste Particulier de Kikouba
Poste de Garde Pavillon
C.F.H.C.
Loudima
Vid!
Boudouka Bouvouaka (Marché)
Mfoka Sonjo
Imp. Monrocq, à Paris

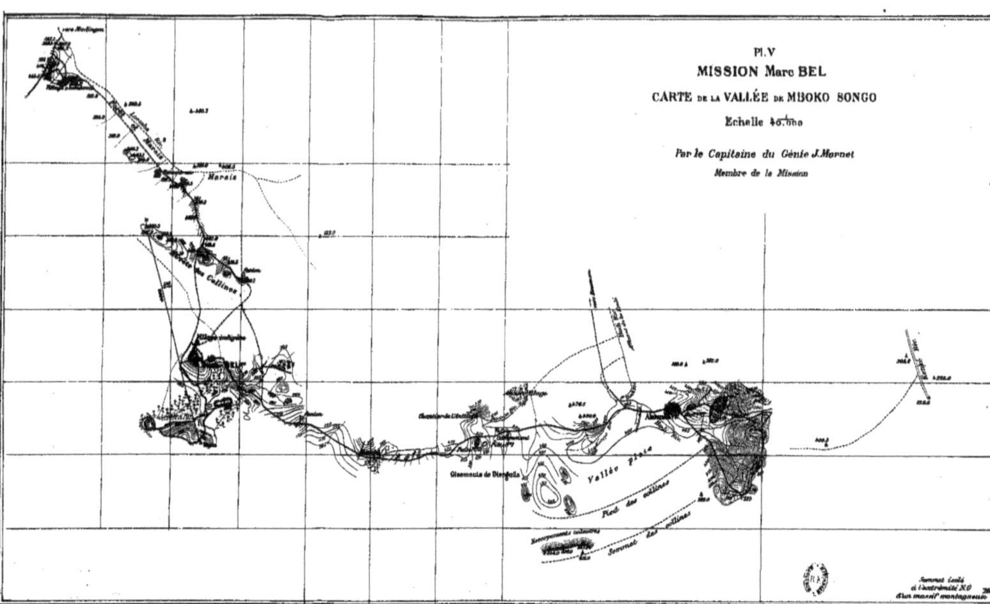

Pl. V
MISSION Marc BEL
CARTE DE LA VALLÉE DE MBOKO SONGO
Echelle 40.000
Par le Capitaine du Génie J. Mornet
Membre de la Mission
Marais
Vallée plate
Pied des collines
Sommet des collines
Gisements de Bienquila
Imp. Monrocq, à Paris

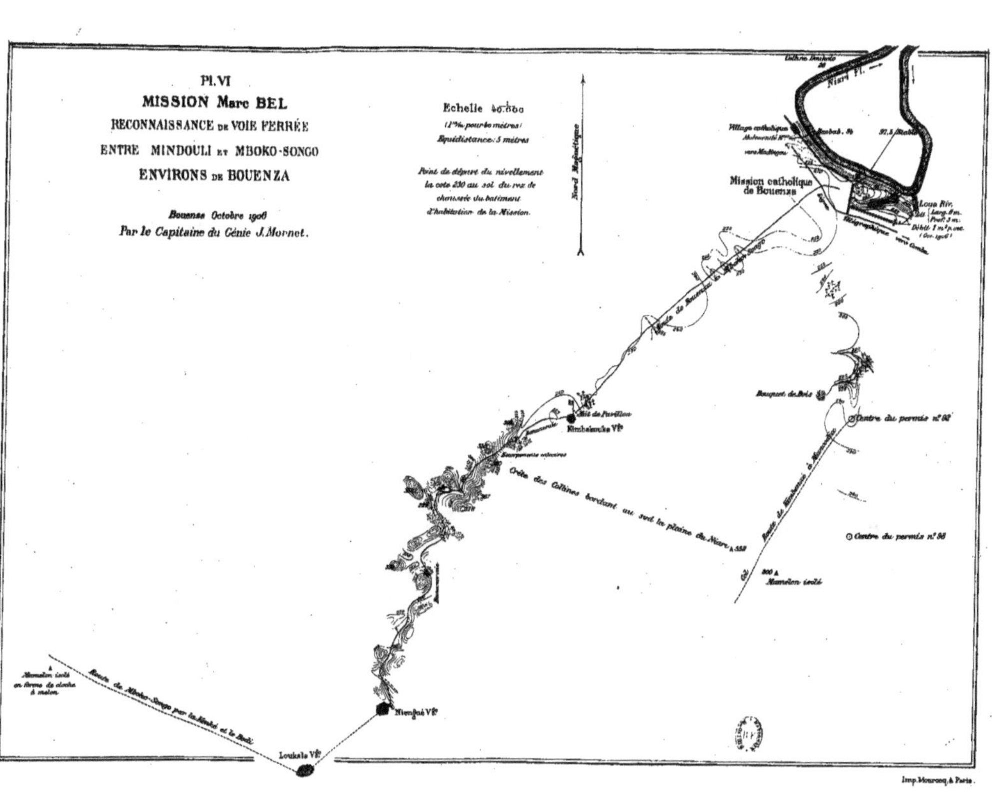

Pl. VI
MISSION Marc BEL
RECONNAISSANCE DE VOIE FERRÉE
ENTRE MINDOULI ET MBOKO-SONGO
ENVIRONS DE BOUENZA
Bouenza Octobre 1906
Par le Capitaine du Génie J. Mornet.
Echelle 40.000
(1mm pour 40 mètres)
Equidistance: 5 mètres
Point de départ du nivellement
la cote 230 au sol du rez de
chaussée du bâtiment
d'habitation de la Mission.
Nord Magnétique
Niari Fl.
Village catholique
Mission catholique de Bouenza
Loua Riv.
Télégraphique
Route de Bouenza à Mboko-Songo
Bouquet de Bois
Centre du permis n° 92
Crête des Collines bordant au sud la plaine du Niari
Route de Mindouli à Mboko-Songo
Centre du permis n° 93
Mamelon isolé
Toit du Pavillon
Nimbainaka Vge
Nienfoué Vge
Loukéla Vge
Mamelon isolé en forme de cloche à melon
Route de Mboko-Songo par la Mboko et la Bodi
Imp. Monrocq, à Paris.

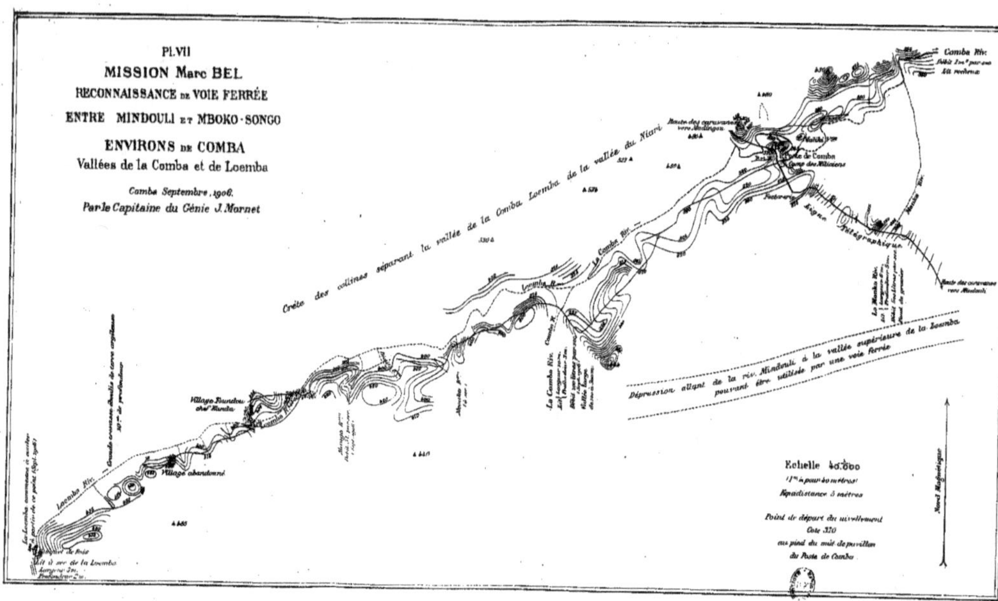

Pl. VII
MISSION Marc BEL
RECONNAISSANCE DE VOIE FERRÉE
ENTRE MINDOULI ET MBOKO-SONGO
ENVIRONS DE COMBA
Vallées de la Comba et de Loemba
Comba Septembre, 1906.
Par le Capitaine du Génie J. Mornet
Echelle 40.000
(1m pour 40 mètres)
Equidistance 5 mètres
Point de départ du nivellement
Cote 320
au pied du mât de pavillon
du Poste de Comba
Nord Magnétique
Imp Monrocq à Paris

# SCULPTURES INDIGÈNES DU CONGO

Fig. 1 (face)    Fig. 2 (profil)

FÉTICHES BAKHAMBA
Village Matinsaka (Vallée de la Loemba)
1/2 grandeur.

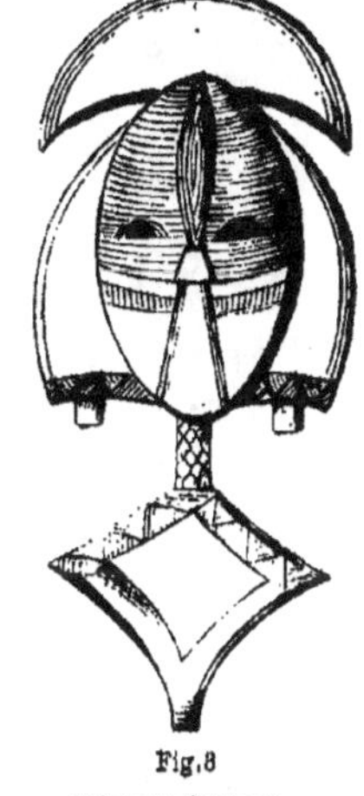

Fig. 8

FÉTICHE BAKOTA
nom du fétiche : Bengala
Bois noir recouvert d'ornements
de cuivre rouge.
Réd. au 1/8e.

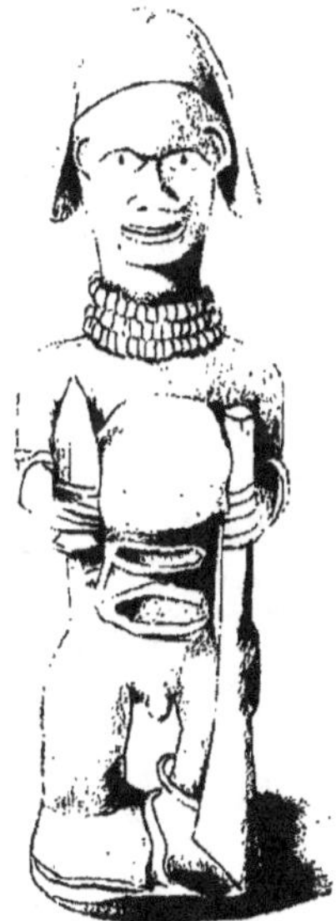

Fig. 4

FÉTICHE BAKHAMBA
1/2 grandeur.

Fig. 5

FÉTICHE BAKHAMBA
1/2 grandeur.

D'après croquis de Madame J. MARC BEL.

E. LEROUX, Édit    H. Demoulin, sc.

# SCULPTURES INDIGÈNES DU CONGO

Fig. 1

Fig. 2

Fig. 3

Fig. 4

Fig. 5

fig. 6

Fig. 7

Fig. 8

Fig. 1, 2, 3, 4, 5, 6, 7, 8, Fétiches Mayombe
D'après croquis de M. le Capitaine Mornet (Réd. à 1/2).

Fig. 9
Fétiche Bacougni
1/2 grandeur.

Fig. 10
Cuillère Bacougni
1/2 grandeur.

Fig. 11
Fétiche Bacougni
1/2 grandeur.

D'après croquis de Madame J. Marc Bel.

E. Leroux, Édit.

H. Demoulin, sc.